BIM 造价实训系列教程

BIM 建筑工程 （湖北版）
计量与计价实训

BIM Jianzhu Gongcheng
Jiliang yu Jijia Shixun

主　编　　张西平　　王晓青

副主编　　张玲玲　　王春燕

重庆大学出版社

内容简介

本书分为建筑工程计量和建筑工程计价上、下两篇。上篇详细介绍了如何识图、如何从清单定额和平法图集角度进行分析,确定算什么,如何算的问题;讲解了如何应用广联达 BIM 土建计量平台 GTJ2018 软件完成工程量的计算。下篇主要介绍了如何运用广联达云计价平台 GCCP5.0 完成工程量清单计价的全过程并提供了报表实例。通过本书的学习,学生可以正确地掌握算量流程、组价流程和软件应用方法并能够独立完成工程量计算和清单计价。

本书可作为高校工程造价专业的实训教材,也可作为 GIAC 工程造价电算化应用技能认证考试教材,以及建筑工程技术、工程管理等专业的教学参考用书和岗位技能培训教材。

图书在版编目(CIP)数据

BIM 建筑工程计量与计价实训:湖北版/ 张西平,
王晓青主编.-- 重庆:重庆大学出版社,2021.4(2024.1 重印)
BIM 造价实训系列教程
ISBN 978-7-5689-2621-8

Ⅰ.①B… Ⅱ.①张… ②王… Ⅲ.①建筑工程—计量
—教材②建筑造价—教材 Ⅳ.①TU723.32

中国版本图书馆 CIP 数据核字(2021)第 052987 号

BIM 建筑工程计量与计价实训

(湖北版)

主 编 张西平 王晓青
副主编 张玲玲 王春燕
策划编辑:林青山 刘颖果
责任编辑:姜 凤 版式设计:林青山
责任校对:王 倩 责任印制:赵 晟

*

重庆大学出版社出版发行
出版人:陈晓阳
社址:重庆市沙坪坝区大学城西路 21 号
邮编:401331
电话:(023)88617190 88617185(中小学)
传真:(023)88617186 88617166
网址:http://www.cqup.com.cn
邮箱:fxk@ cqup.com.cn (营销中心)
全国新华书店经销
重庆天旭印务有限责任公司印刷

*

开本:787mm×1092mm 1/16 印张:22.25 字数:557 千
2021 年 4 月第 1 版 2024 年 1 月第 4 次印刷
印数:8 001—10 000
ISBN 978-7-5689-2621-8 定价:59.00 元

出版说明

随着科学技术日新月异的发展,近两年"云、大、移、智"等技术深刻影响着社会的方方面面,数字建筑时代已悄然到来。建筑业传统建造模式已不再适应可持续发展的要求,迫切需要利用以信息技术为代表的现代科技手段,实现中国建筑产业转型升级与跨越式发展。在国家政策倡导下,积极探索基于信息技术的现代建筑业的新材料、新工艺、新技术发展模式已成大势所趋。中国建筑产业转型升级是以互联化、集成化、数据化、智能化的信息化手段为有效支撑,通过技术创新与管理创新,带动企业与人员能力的提升,最终实现建造过程、运营过程、建筑及基础设施产品三方面的升级。数字建筑集成了人员、流程、数据、技术和业务系统,管理建筑物从规划、设计到施工、运维的全生命周期。数字时代,建筑将呈现数字化、在线化、智能化的"三化"新特性,建筑全生命周期也呈现出全过程、全要素、全参与方的"三全"新特征。

在工程造价领域,住房和城乡建设部于 2017 年发布《工程造价事业发展"十三五"规划》,提出要加强对市场价格信息、造价指标指数、工程案例信息等各类型、各专业造价信息的综合开发利用;提出利用"云 + 大数据"技术丰富多元化信息服务种类,培育全过程工程咨询,建立健全合作机制,促进多元化平台良性发展;提出大力推进 BIM 技术在工程造价事业中的应用,大力发展以 BIM、大数据、云计算为代表的先进技术,从而提升信息服务能力,构建信息服务体系。造价改革顶层设计为工程造价领域指明了以数据为核心的发展方向,也为数字化指明了方向。

行业深刻变革的背后,需要大量的新型人才。为了顺应新时代、新建筑、新教育的趋势,广联达科技股份有限公司(以下简称"广联达公司")再次联合国内各大建筑相关院校,组织编写新版《广联达 BIM 造价实训系列教程》,以帮助院校培养建筑行业的新型人才。新版教材编制框架分为 7 个部分,具体如下:

①图纸分析:解决识图的问题。

②业务分析:从清单、定额两个方面进行分析,解决本工程要算什么以及如何算的问题。

③如何应用软件进行计算。

④本阶段的实战任务。

⑤工程实战分析。

⑥练习与思考。

⑦知识拓展。

新版教材、配套资源以及授课模式讲解如下:

1.系列教材及配套资源

本系列教材包含案例图集《1 号办公楼施工图(含土建和安装)》和分地区版的《BIM 建筑工程计量与计价实训》。为了方便教师开展教学,与目前新清单、新定额、16G 平法相配套,切实提高教学质量,按照新的内容全面更新实训教学配套资源,具体教学资源如下:

①BIM 建筑工程计量与计价实训教学指南。

②BIM 建筑工程计量与计价实训授课 PPT。

③BIM 建筑工程计量与计价实训教学参考视频。

④BIM 建筑工程计量与计价实训阶段参考答案。

2.教学软件

①广联达 BIM 土建计量平台 GTJ2018。

②广联达云计价平台 GCCP5.0。

③广联达测评认证考试平台:学生提交土建工程/计价工程成果后自动评分,出具评分报告,并自动汇总全班成绩,老师可快速掌握学生作答提交的数据和学习情况。

以上所列除教材以外的资料,由广联达公司以课程的方式提供。

3.教学授课模式

在授课方式上,建议老师采用"团建八步教学法"(以下简称"八步教学法")模式进行教学,充分合理、有效利用教学资料包的所有内容,高效完成教学任务,提升课堂教学效果。

何为团建? 团建就是将班级学生按照成绩优劣等情况合理地搭配并分成若干组,有效地形成若干团队,形成共同学习、相互帮助的小团队。同时,老师引导各个团队形成不同的班级管理职能小组(学习小组、纪律小组、服务小组、娱乐小组等)。授课时,老师组织引导各职能小组发挥作用,帮助老师有效管理课堂和自主组织学习。本授课方法主要以组建团队为主导,以团建形式培养学生自我组织学习、自我管理的能力,形成团队意识、竞争意识。在实训过程中,所有学生以小组团队的身份出现。老师按照"八步教学法"的步骤,首先对整个实训工程案例进行切片式阶段任务设计,每个阶段任务按照"八步教学法"合理贯穿实施。整个课程利用我们提供的教学资料包进行教学,备、教、练、考、评一体化课堂设计,老师主要扮演组织者、引导者的角色,学生作为实训学习的主体发挥主要作用,实训效果在学生身上得到充分体现。

"八步教学法"授课的操作流程如下：

第一步，明确任务：本堂课的任务是什么？该任务的前提条件是什么？确定该任务的计算范围（哪些项目需要计算？哪些项目不需要计算？）。

第二步，识图与任务分析（结合案例图纸）：以团队的方式进行图纸及任务分析，找出各任务中涉及构件的关键参数及图纸说明，从定额、清单两个角度进行任务分析，确定算什么，如何算。

第三步，观看视频与上机演示：老师可以播放完整的案例操作以及业务讲解视频，也可以根据需要自行上机演示操作，主要是明确本阶段软件应用的重要功能、操作上机的重点及难点。

第四步，任务实战：老师根据布置的任务，规定完成任务的时间；团队学生自己动手操作，配合老师的辅导，在规定时间内完成阶段任务。学生在规定时间内完成任务后，提交个人成果至考试平台自动评分，得出个人成绩；老师在考试平台直接查看学生的提交情况和成绩汇总。

第五步，组内对量：评分完毕后，团队学生根据每个人的成绩，在小组内利用对量软件进行对量，讨论完成对量问题，如找问题、查错误、优劣搭配、自我提升。老师要求每个小组最终出具一份能代表小组实力的结果文件。

第六步，小组 PK：每个小组上交最终成果文件后，老师再次使用评分软件进行评分，测出各个小组的成绩优劣，通过小组成绩刺激小组的团队意识以及学习动力。

第七步，二次对量：老师下发标准答案，学生再次利用对量软件与标准答案进行结果对比，从而找出错误点并加以改正。

第八步，总结及拓展：学生小组及个人总结；老师针对本堂课的情况进行总结及知识拓展，最终共同完成本堂课的教学任务。

随着高校实训教学的深入开展，广联达教育事业部造价组联合全国建筑类高校资深专业教师，倾力打造完美的造价实训课堂。

本书由广联达公司张玲玲负责组织制订编写思路及大纲，武昌理工学院张西平、武汉城市职业学院王晓青担任主编；广联达公司张玲玲、三峡大学科技学院王春燕担任副主编；武昌理工学院李楠、赵峰、黄海云、杨青参加 GTJ 建模算量及部分章节编写工作。具体编写分工如下:武昌理工学院张西平编写第 1—3 章、第 13—15 章;武昌理工学院黄海云编写第 9—11 章;三峡大学科技学院王春燕编写第 12 章、武汉城市职业学院王晓青编写第 4—7 章;武昌理工学院李楠、杨青编写第 8 章;广联达公司张玲玲编写绪论和附录。武昌理工学院赵峰担任本书的主审。

本系列教材在编写过程中,虽然经过反复斟酌和校核,但由于时间紧迫、编者能力有限,书中难免存在不足之处,诚望广大读者提出宝贵意见,以便再版时修改完善。

张玲玲

2020 年 7 月于北京

目录
CONTENTS

0　绪论　　1

上篇　建筑工程计量

1　算量基础知识　　4
1.1　软件算量基本原理　　4
1.2　软件算量操作　　5
1.3　软件绘图学习的重点——点、线、面的绘制　　7
1.4　图纸修订说明　　8

2　建筑工程量计算准备工作　　15
2.1　新建工程　　15
2.2　计算设置　　17
2.3　新建楼层　　22
2.4　建立轴网　　26

3　首层工程量计算　　29
3.1　首层柱工程量计算　　29
3.2　首层剪力墙工程量计算　　43
3.3　首层梁工程量计算　　48
3.4　首层板工程量计算　　70
3.5　首层砌体结构工程量计算　　81
3.6　门窗、洞口、壁龛及附属构件工程量计算　　88
3.7　楼梯工程量计算　　112

4　第二、三层工程量计算　　120
4.1　二层工程量计算　　120
4.2　三层工程量计算　　129

5 四层、屋面层工程量计算   135

5.1 四层工程量计算   135

5.2 女儿墙、压顶、屋面的工程量计算   142

6 地下一层工程量计算   149

6.1 地下一层柱的工程量计算   149

6.2 地下一层剪力墙的工程量计算   151

6.3 地下一层梁、板、砌体墙的工程量计算   158

6.4 地下一层门洞口、过梁柱的工程量计算   160

7 基础层工程量计算   163

7.1 独立基础、垫层、止水板的定义与绘制   163

7.2 土方工程量计算   172

8 装修工程量计算   177

8.1 首层装修工程量计算   177

8.2 其他层装修工程量计算   185

8.3 外墙保温层计算   189

9 零星及其他工程量计算   195

9.1 平整场地、建筑面积工程量计算   195

9.2 首层挑檐、雨篷的工程量计算   199

9.3 台阶、散水、栏杆的工程量计算   204

10 表格输入   211

10.1 参数输入法计算钢筋工程量   211

10.2 直接输入法计算钢筋工程量   212

11 汇总计算工程量   215

11.1 查看三维   215

11.2 汇总计算   217

11.3 查看构件钢筋计算结果   218

11.4 查看土建计算结果   222

11.5 云检查   224

11.6 云指标   227

11.7 云对比   234

11.8　报表结果查看　　　　　　　　　　243

12　CAD 识别做工程　　　　247
12.1　CAD 识别的原理　　　　247
12.2　CAD 识别的构件范围及流程　　　　247
12.3　CAD 识别实际案例工程　　　　249

下篇　建筑工程计价

13　编制招标控制价要求　　　　　　　288

14　编制招标控制价　　　　292
14.1　新建招标项目结构　　　　292
14.2　导入 GTJ 算量工程文件　　　　297
14.3　计价中的换算　　　　304
14.4　其他项目清单　　　　308
14.5　编制措施项目　　　　310
14.6　调整人材机　　　　312
14.7　计取规费和税金　　　　316
14.8　生成电子招标文件　　　　318

15　报表实例　　　　　　　321

0 绪 论

BIM 在全过程造价管理中的应用主要包括以下几个方面：

（1）BIM 在投资决策阶段的应用

投资决策阶段是建设项目最关键的一个阶段，它对项目工程造价的影响高达 70%～90%，利用 BIM 技术，可以利用相关的造价信息以及 BIM 数据模型来比较精确地预估不可预见费用，减少风险，从而更加准确地确定投资估算。在进行多方案比选时，还可通过 BIM 技术进行方案的造价对比，选择更合理的方案。

（2）BIM 在设计阶段的应用

设计阶段对整个项目工程造价管理有十分重要的影响。通过 BIM 模型的信息交流平台，各参与方可以在早期介入项目的建设工程中。在设计阶段使用的主要措施是限额设计，通过它可以对工程变更进行合理控制，确保总投资不增加。完成建设工程设计图纸后，将图纸内的构成要素通过 BIM 数据库与相应的造价信息相关联，实现限额设计的目标。

在设计交底和图纸审查时，通过 BIM 技术可以将与图纸相关的各个内容汇总到 BIM 平台进行审核。利用 BIM 的可视化模拟功能，进行模拟、碰撞检查，减少设计失误，降低因设计错误或设计冲突导致的返工费用，实现设计方案在经济和技术上的最优。

（3）BIM 在招投标阶段的应用

BIM 技术的推广与应用，极大地提高了招投标管理的精细化程度和管理水平。招标单位通过 BIM 模型可以准确计算出招标所需的工程量，编制招标文件，最大限度地减少施工阶段因工程量问题产生的纠纷。投标单位的经济标是基于较为准确的模型工程量清单制订的，同时可以利用 BIM 模型进一步完善施工组织设计，进行重大施工方案预演，做出较为优质的技术标，从而综合有效地制订本单位的投标策略，提高中标率。

（4）BIM 在施工阶段的应用

在进度款支付时，往往会因为数据难以统一而花费大量的时间和精力，利用 BIM 技术中的 5D 模型可以直观地反映不同建设时间点的工程量完成情况，并及时进行调整。BIM 还可以将招投标文件、工程量清单、进度审核预算等进行汇总，便于成本测算和工程进度款的支付。另外，利用 BIM 技术的虚拟碰撞检查，可以在施工前发现并解决碰撞问题，有效地减少变更次数，从而有利于控制工程成本，加快工程进度。

（5）BIM 在竣工验收阶段的应用

传统模式下的竣工验收阶段，造价人员需要核对工程量，重新整理资料，计算细化到柱、梁，由于造价人员的经验水平和计算逻辑不尽相同，因而在对量过程中经常产生争议。BIM 模型可将前几个阶段的量价信息进行汇总，真实完整地记录了建设全过程发生的各项数据，提高工程结算效率，并更好地控制建造成本。

上篇

建筑工程计量

1 算量基础知识

通过本章的学习,你将能够:
(1)掌握软件算量的基本原理;
(2)掌握软件算量的操作流程;
(3)掌握软件绘图学习的重点;
(4)能够正确识读建筑施工图和结构施工图。

1.1 软件算量基本原理

通过本节的学习,你将能够:
掌握软件算量的基本原理。

建筑工程量的计算是一项工作量大且繁重的工作,工程量计算的算量工具也随着信息化技术的发展,经历了算盘、计算器、计算机表格、计算机建模几个阶段,如图 1.1 所示,现在我们采用的就是通过建筑模型进行工程量的计算。

图 1.1

目前,建筑设计输出的图纸绝大多数是采用二维设计的,提供建筑的平、立、剖面图纸,对建筑物进行表达。而建模算量则是将建筑平、立、剖面图结合,建立建筑的空间模型。模型的正确建立可以准确地表达各类构件之间的空间位置关系,土建算量软件则按计算规则计算各类构件的工程量,构件之间的扣减关系则根据模型由程序内置的扣减规则进行处理,从而准确计算出各类构件的工程量。为方便工程量的调用,将工程量以代码的方式提供,在套用清单与定额时可以直接套用,如图 1.2 所示。

图 1.2

使用土建算量软件进行工程量计算,已经从手工计算的大量书写与计算转化为建立建筑模型。无论用手工算量还是软件算量,都有一个基本的要求,那就是知道算什么以及如何算。知道算什么,是做好算量工作的第一步,也就是业务关,手工算量、软件算量只是采用了不同的手段而已。

软件算量的重点:一是快速地按照图纸的要求,建立建筑模型;二是将算出来的工程量和工程量清单与定额进行关联;三是掌握特殊构件的处理及灵活应用。

1.2 软件算量操作

通过本节的学习,你将能够:
描述软件算量的基本操作流程。

在进行实际工程的绘制和计算时。GTJ 相对以往的 GCL 与 GGJ 来说,在操作上有很多相同的地方,但在流程上更有逻辑性,也更简便。大体流程如图 1.3 所示。

图 1.3

1)分析图纸

拿到图纸后应先分析图纸,熟悉工程建筑结构图纸,正确识读图纸。

2)新建工程/打开文件

启动软件后,会出现新建工程的界面,用鼠标左键单击即可,如果已有工程文件,单击打开文件即可,详细步骤见"2.1 节新建工程"部分内容。

3)工程设置

工程设置包括基本设置、土建设置和钢筋设置三大部分。在基本设置中可以进行工程信息和楼层设置;在土建设置中可以进行计算设置和计算规则设置;在钢筋设置中可以进行计算设置、比重设置、弯钩设置、损耗设置和弯曲调整值设置。

4)建立模型

建立模型有两种方式:第一种是通过 CAD 识别,第二种是通过手工绘制。CAD 识别包括识别构件和识别图元。手工绘制包括定义属性、套用做法及绘制图元。在建模过程中,可以通过建立轴网→建立构件→设置属性/做法套用→绘制构件完成建模。轴网的创建可以为整个模型的创建确定基准,建立构件包括柱、墙、门窗洞、梁、板、楼梯、装修、土方、基础等构件的创建。新创建出的构件需要设置属性,并进行做法套用,包括清单和定额项的套用。最后,在绘图区域将构件绘制到相应的位置即可完成建模。

5)云检查

模型绘制好后可以进行云检查,软件会从业务方面检查构件图元之间的逻辑关系。

6)汇总计算

云检查无误后,进行汇总计算,计算钢筋和土建工程量。

7)查量

汇总计算后,查看钢筋和土建工程量,包括查看钢筋三维显示、钢筋及土建工程量的计算式。

8)查看报表

最后是查看报表,包括钢筋报表和土建报表。

【说明】

在进行构件绘制时,针对不同的结构类型,采用不同的绘制顺序,一般为:

剪力墙结构:剪力墙→门窗洞→暗柱/端柱→暗梁/连梁。

框架结构:柱→梁→板→砌体墙部分。

砖混结构:砖墙→门窗洞→构造柱→圈梁。

软件做工程的处理流程一般为:

先地上、后地下:首层→二层→三层→……→顶层→基础层。

先主体、后零星:柱→梁→板→基础→楼梯→零星构件。

1.3 软件绘图学习的重点——点、线、面的绘制

通过本节的学习,你将能够:
掌握软件绘图的重点。

GTJ2018 主要是通过绘图建立模型的方式来进行工程量的计算,构件图元的绘制是软件使用中的重要部分。对绘图方式的了解是学习软件算量的基础,下面概括介绍软件中构件的图元形式和常用的绘制方法。

1)构件图元的分类

工程实际中的构件按照图元形状可分为点状构件、线状构件和面状构件。

①点状构件包括柱、门窗洞口、独立基础、桩、桩承台等。

②线状构件包括梁、墙、条基等。

③面状构件包括现浇板、筏板等。

不同形状的构件,有不同的绘制方法。下面主要介绍一些最常用的"点"画法和"直线"画法。

2)"点"画法和"直线"画法

(1)"点"画法

"点"画法适用于点状构件(如柱)和部分面状构件(如封闭区域的现浇板),其操作方法如下:

①在"构件工具条"中选择一种已经定义的构件,如 KZ-1,如图 1.4 所示。

| 首层 ▾ | 柱 ▾ | 柱 ▾ | KZ-1 ▾ | ☐ 旋转点 角度 0 | 不偏移 ▾ X= 0 | ⌃ mm Y= 0 | ⌃ mm |

图 1.4

②在"建模"选项卡下的"绘图"面板中选择"点",如图 1.5 所示。

图 1.5

③在绘图区,用鼠标左键单击一点作为构件的插入点,完成绘制。

(2)"直线"画法

"直线"画法主要用于线状构件(如梁、墙和拦板),当需要绘制一条或多条连续直线时,可以采用绘制"直线"的方式,其操作方法如下:

①在"构件工具条"中选择一种已经定义好的构件,如墙 QTQ-1。

②在"建模"选项卡下的"绘图"面板中选择"直线",如图 1.6 所示。

图 1.6

③用鼠标点取第一点，再点取第二点即可画出一道墙，再点取第三点，就可以在第二点和第三点之间画出第二道墙，以此类推。这种画法是系统默认的画法。当需要在连续画的中间从一点直接跳到一个不连续的地方时，请单击鼠标右键临时中断，然后再到新的轴线交点上继续点取第一点开始连续画图，如图 1.7 所示。

图 1.7

1.4 图纸修订说明

1.4.1 结构施工图

结施-01(1)

(5)砌块(填充墙)

砂浆：采用干混砌筑砂浆 DM M10。

1.4.2 建筑施工图

建施-01

六、墙体设计

①外墙：均为 250 mm 厚加气混凝土砌块及 50 mm 厚聚苯保温板、保温复合墙体。

②内墙：均为 200 mm 厚加气混凝土砌块墙体。

③墙体砂浆：砌块砌体、砖墙均采用干混砌筑砂浆 DM M10。

门窗数量及门窗规格一览表：

编号	名称	规格（洞口尺寸）（mm）		数量（樘）						备注
		宽	高	地下1层	1层	2层	3层	4层	总计	
FM甲1021	甲级防火门	1000	2100	2					2	甲级防火门
FM乙1021	乙级防火门	1100	2100	1	1				2	乙级防火门
M5021	旋转玻璃门	5000	2100		1				1	甲方确定
M1021	木制夹板门	1000	2100	18	20	20	20	20	98	甲方确定
C0924	塑钢窗	900	2400		4	4	4	4	16	详见立面
C1524	塑钢窗	1500	2400		2	2	2	2	8	详见立面
C1624	塑钢窗	1600	2400	2	2	2	2	2	10	详见立面
C1824	塑钢窗	1800	2400		2	2	2	2	8	详见立面
C2424	塑钢窗	2400	2400		2	2	2	2	8	详见立面
PC1	飘窗（塑钢窗）	见平面	2400		2	2	2	2	8	详见立面
C5027	塑钢窗	5000	2700			1	1	1	3	详见立面
ZJC1	转角窗（塑钢窗）	见平面	2700		2	2	2	2	8	详见立面

室内装修做法表：

	房间名称	楼面/地面	踢脚/墙裙	窗台板	内墙面	顶棚（mm）
地下一层	排烟机房	地面4	踢脚1	—	内墙面1	天棚1
	楼梯间	地面2	踢脚1	—	内墙面1	天棚1
	走廊	地面3	踢脚2	—	内墙面1	吊顶1（高3200）
	办公室	地面1	踢脚1	有	内墙面1	吊顶1（高3300）
	餐厅	地面1	踢脚3	—	内墙面1	吊顶1（高3300）
	卫生间	地面2	墙裙2	有	内墙面2	吊顶2（高3300）

续表

	房间名称	楼面/地面	踢脚/墙裙	窗台板	内墙面	顶棚(mm)
一层	大堂	楼面 3	墙裙 1 高 1200 mm	—	内墙面 1	
	楼梯间	楼面 2	踢脚 1	—	内墙面 1	天棚 1
	走廊	楼面 3	踢脚 2	—	内墙面 1	吊顶 1(高 3200)
	办公室 1	楼面 1	踢脚 1	有	内墙面 1	吊顶 1(高 3300)
	办公室 2(含阳台)	楼面 4	踢脚 3	—	内墙面 1	天棚 1
	卫生间	楼面 2	墙裙 2	有	内墙面 2	吊顶 2(高 3300)
二层	楼梯间	楼面 2	踢脚 1	—	内墙面 1	天棚 1
	公共休息大厅	楼面 3	踢脚 2	—	内墙面 1	吊顶 1(高 2900)
	走廊	楼面 3	踢脚 2	—	内墙面 1	吊顶 1(高 2900)
	办公室 1	楼面 1	踢脚 1	有	内墙面 1	天棚 1
	办公室 2(含阳台)	楼面 4	踢脚 3	—	内墙面 1	天棚 1
	卫生间	楼面 2	墙裙 2	有	内墙面 2	吊顶 2(高 2900)
三层	楼梯间	楼面 2	踢脚 1	—	内墙面 1	天棚 1
	公共休息大厅	楼面 3	踢脚 2	—	内墙面 1	
	走廊	楼面 3	踢脚 2	—	内墙面 1	吊顶 1(高 2900)
	办公室 1	楼面 1	踢脚 1	有	内墙面 1	天棚 1
	办公室 2(含阳台)	楼面 4	踢脚 3	—	内墙面 1	天棚 1
	卫生间	楼面 2	墙裙 2	有	内墙面 2	吊顶 2(高 2900)
四层	楼梯间	楼面 2	踢脚 1	—	内墙面 1	天棚 1
	公共休息大厅	楼面 3	踢脚 2	—	内墙面 1	天棚 1
	走廊	楼面 3	踢脚 2	—	内墙面 1	天棚 1
	办公室 1	楼面 1	踢脚 1	有	内墙面 1	天棚 1
	办公室 2(含阳台)	楼面 4	踢脚 3	—	内墙面 1	天棚 1
	卫生间	楼面 2	墙裙 2	有	内墙面 2	天棚 1

一、室外装修设计

1)屋面

(1)屋面 1:不上人屋面

①满涂银粉保护剂。

②防水层(SBS),四周卷边250 mm。

③20 mm厚干混地面砂浆DS M20找平层。

④平均40 mm厚1:8水泥珍珠岩找2%坡。

⑤保温层(采用80 mm厚现喷硬质发泡聚氨酯)。

⑥现浇混凝土屋面板。

2)外墙

(1)外墙1:面砖外墙

①10 mm厚面砖,在粘贴面上随粘随刷专用界面剂一道。

②6 mm厚干混抹灰砂浆DP M10(内掺建筑胶)打底。

③刷素水泥浆一道(内掺水重5%的建筑胶)。

④50 mm厚聚苯保温板保温层。

(2)外墙2:干挂大理石墙面

①干挂石材墙面。

②竖向龙骨间整个墙面用聚合物砂浆粘贴35 mm厚聚苯保温板,聚苯板与角钢竖龙骨交接处严贴不得有缝隙,黏结面积20%聚苯离墙10 mm,形成10 mm厚空气层。聚苯保温板容重≥18 kg/m³,角钢龙骨18 kg/m²。

③墙面。

(3)外墙3:涂料墙面

①刷外墙乳胶漆两遍。

②6 mm厚干混抹灰砂浆DP M10找平。

③12 mm厚干混抹灰砂浆DP M10打底扫毛或划出纹道。

④刷素水泥浆一道(内掺水重5%的建筑胶)。

⑤50 mm厚聚苯保温板保温层。

(4)外墙4:水泥砂浆外墙

①6 mm厚干混抹灰砂浆DP M10罩面。

②12 mm厚干混抹灰砂浆DP M10打底扫毛或划出纹道。

二、室内装修设计

1)地面

(1)地面1:大理石地面(大理石尺寸800 mm×800 mm)

①铺20 mm厚大理石板,稀水泥擦缝。

②撒素水泥面(洒适量清水)。

③30 mm厚干混地面砂浆DS M20找平层。

④100 mm厚C15素混凝土。

⑤150 mm厚3:7灰土夯实。

⑥素土夯实。

（2）地面2：防滑地砖地面

①2.5 mm 厚石塑防滑地砖,建筑胶黏剂粘铺,稀水泥浆擦缝。

②素水泥浆一道(内掺建筑胶)。

③30 mm 厚 C15 细石混凝土随打随抹。

④3 mm 厚高聚物改性沥青涂膜防水层,四周往上卷150 mm 高。

⑤平均35 mm 厚 C15 细石混凝土找坡层。

⑥150 mm 厚3∶7灰土夯实。

⑦素土夯实压实系数0.95。

（3）地面3：铺地砖地面

①10 mm 厚高级地砖,建筑胶黏剂粘铺,稀水泥浆擦缝。

②20 mm 厚干混地面砂浆 DS M20 找平层。

③素水泥结合层一道。

④50 mm 厚 C15 混凝土。

⑤150 mm 厚碎石灌干混砌筑砂浆 DM M10 砂浆。

⑥素土夯实,压实系数0.95。

（4）地面4：水泥地面

①20 mm 厚干混地面砂浆 DS M20 抹面压实赶光。

②素水泥浆一道(内掺建筑胶)。

③50 mm 厚 C15 混凝土。

④150 mm 厚碎石灌干混砌筑砂浆 DM M10 砂浆。

⑤素土夯实压实系数0.95。

2)楼面

（1）楼面1：地砖楼面

①10 mm 厚高级地砖,稀水泥浆擦缝。

②20 mm 厚干混地面砂浆 DS M20 黏结层。

③素水泥浆一道(内掺建筑胶)。

④20 mm 厚干混地面砂浆 DS M20 找平层。

⑤素水泥浆一道(内掺建筑胶)。

⑥钢筋混凝土楼板。

（2）楼面2：防滑地砖防水楼面(砖采用400 mm×400 mm)

①10 mm 厚防滑地砖,稀水泥浆擦缝。

②素水泥面(洒适量清水)。

③20 mm 厚干混地面砂浆 DS M20 黏结层。

④1.5 mm 厚聚氨酯涂膜防水层靠墙处卷边150 mm。

⑤20 mm 厚干混地面砂浆 DS M20 找平层,四周及竖管根部抹小八字角。

⑥素水泥浆一道。

⑦平均厚为35 mm C15 细石混凝土、从门口向地漏找1%坡。

⑧现浇混凝土楼板。

（3）楼面3：大理石楼面（大理石尺寸800 mm×800 mm）

①铺20 mm厚大理石板，稀水泥擦缝。

②撒素水泥面（洒适量清水）。

③20 mm厚干混地面砂浆 DS M20 黏结层。

④40 mm厚 C15 细石混凝土找平层。

⑤钢筋混凝土楼板。

（4）楼面4：水泥楼面

①20 mm厚干混地面砂浆 DS M20 压实赶光。

②50 mm厚 C15 细石混凝土。

③钢筋混凝土楼板。

3）踢脚

（1）踢脚1：地砖踢脚（400 mm×100 mm深色地砖，高度为100 mm）

①10 mm厚防滑地砖踢脚，稀水泥浆擦缝。

②8 mm厚干混抹灰砂浆 DP M10（内掺建筑胶）黏结层。

③5 mm厚干混抹灰砂浆 DP M10 打底扫毛或划出纹道。

（2）踢脚2：大理石踢脚（用800 mm×100 mm深色大理石，高度为100 mm）

①15 mm厚大理石踢脚板，稀水泥浆擦缝。

②10 mm厚干混抹灰砂浆 DP M10（内掺建筑胶）黏结层。

③界面剂一道甩毛（甩前先将墙面用水湿润）。

（3）踢脚3：水泥踢脚高100 mm

①6 mm厚干混抹灰砂浆 DP M10 罩面压实赶光。

②素水泥浆一道。

③6 mm厚干混抹灰砂浆 DP M10 打底扫毛或划出纹道。

4）内墙裙

（1）墙裙1：普通大理石板墙裙

①稀水泥浆擦缝。

②贴10 mm厚大理石板，正、背面及四周满刷防污剂。

③素水泥浆一道。

④6 mm厚干混抹灰砂浆 DP M10 罩面。

⑤8 mm厚干混砌筑砂浆 DM M10 打底扫毛或划出纹道。

⑥素水泥浆一道甩毛（内掺建筑胶）。

（2）墙裙2（卫生间）：水泥砂浆防水墙裙

①1.5 mm厚聚氨酯涂膜防水（$h=1800$ mm）。

②15 mm厚干抹灰砂浆 DP M10 打底。

5）内墙面

（1）内墙面1：水泥砂浆墙面

①喷水性耐擦洗涂料。

②5 mm 厚干混抹灰砂浆 DP M10 找平。

③9 mm 厚干混抹灰砂浆 DP M10 打底扫毛。

④素水泥浆一道甩毛(内掺建筑胶)。

(2)内墙面 2:瓷砖墙面(面层用 200 mm×300 mm 高级面砖)

①白水泥擦缝。

②5 mm 厚釉面砖面层(粘前先将釉面砖浸水 2 h 以上)。

③5 mm 厚干混抹灰砂浆 DP M10 黏结层。

④素水泥浆一道。

⑤9 mm 厚干混抹灰砂浆 DP M10 打底压实抹平。

⑥素水泥浆一道甩毛。

6) 天棚

天棚 1:抹灰天棚

①喷水性耐擦洗涂料。

②3 mm 厚干混抹灰砂浆 DP M10 找平。

③5 mm 厚干混抹灰砂浆 DP M10 打底扫毛或划出纹道。

④素水泥浆一道甩毛(内掺建筑胶)。

7) 吊顶

(1)吊顶 1:铝合金条板,吊顶燃烧性能为 A 级

①1.0 mm 厚铝合金条板,离缝安装带插缝板。

②U 形轻钢次龙骨 B45×48,中距<1500 mm。

③U 形轻钢主龙骨 B38×12,中距≤1500 mm、与钢筋吊杆固定。

④φ6 钢筋吊杆,中距横向<1500 mm、纵向≤1200 mm。

⑤现浇混凝土板底预留 φ10 钢筋吊环,双向中距<1500 mm。

(2)吊顶 2:岩棉吸音板,吊顶燃烧性能为 A 级

①12 mm 厚岩棉吸音板面层,规格 592 mm×592 mm。

②T 形轻钢次龙骨 TB24×28,中距 600 mm。

③T 形轻钢次龙骨 TB24×38,中距 600 mm,找平后与钢筋吊杆固定。

④φ8 钢筋吊杆,双向中距≤1200 mm。

⑤现浇混凝土板底预留 φ10 钢筋吊环,双向中距≤1200 mm。

三、建施-12

台阶装饰详图

30 mm 厚干混砌筑砂浆 DM M10 黏结层。

2　建筑工程量计算准备工作

通过本章的学习,你将能够:

(1)正确选择清单与定额规则,以及相应的清单库和定额库;

(2)正确选择钢筋规则;

(3)正确设置室内外高差及输入工程信息;

(4)正确定义楼层及统一设置各类构件混凝土强度等级;

(5)正确进行工程计算设置;

(6)按图纸定义绘制轴网。

2.1　新建工程

通过本节的学习,你将能够:

(1)正确选择清单与定额规则,以及相应的清单库和定额库;

(2)正确选择钢筋规则;

(3)区分做法模式。

一、任务说明

根据《1号办公楼施工图(含土建和安装)》,在软件中完成新建工程的各项设置。

二、任务分析

①清单与定额规则及相应的清单库和定额库都是做什么用的?

②清单规则和定额规则如何选择?

③钢筋规则如何选择?

三、任务实施

1)分析图纸

在新建工程前,应先分析图纸中的"结构设计总说明(一)"。"四、本工程设计所遵循的标准、规范和规程"中第6条《混凝土结构施工图平面整体表示方法制图规则和构造详图》16G101—1和16G101—2,软件算量要依照此规定。

2)新建工程

①在分析图纸、了解工程的基本概况之后,启动软件,进入软件"新建工程"界面,如图2.1所示。

图 2.1

②用鼠标左键单击界面上的"新建工程",进入新建工程界面,输入各项工程信息。

工程名称:按工程图纸名称输入,保存时会作为默认的文件名。本工程名称输入为"1号办公楼"。

计算规则:如图 2.2 所示。

平法规则:选择"16 系平法规则"。

单击"创建工程",即完成了工程的新建。

图 2.2

四、任务结果

任务结果如图 2.2 所示。

2.2 计算设置

通过本节的学习,你将能够:

(1)正确进行工程信息输入;

(2)正确进行工程计算设置。

一、任务说明

根据《1号办公楼施工图(含土建和安装)》,在软件中完成新建工程的各项设置。

二、任务分析

①软件中新建工程的各项设置都有哪些?

②室外地坪标高的设置如何查询?

三、任务实施

创建工程后,进入软件界面,如图2.3所示,分别对基本设置、土建设置、钢筋设置进行修改。

图 2.3

1)基本设置

首先对基本设置中的工程信息进行修改,单击"工程信息",出现如图2.4所示的界面。

蓝色字体部分需要填写,黑色字体所示信息只起标识作用,可以不填,不影响计算结果。

由图纸结施-01(1)可知:结构类型为框架结构;抗震设防烈度为7度;框架抗震等级为三级。

由图纸建施-09可知:室外地坪相对±0.000标高为−0.45 m。

檐高:14.85 m(设计室外地坪到屋面板板顶的高度为14.4 m+0.45 m=14.85 m)。

图 2.4

【注意】

①常规的抗震等级由结构类型、设防烈度、檐高 3 项确定。

②若设计中已知抗震等级,可直接填写抗震等级,不必填写结构类型、设防烈度、檐高 3 项。

填写信息如图 2.5 所示。

图 2.5

2) 土建设置

土建规则在前面"创建工程"时已选择,此处不需要修改。

3) 钢筋设置

①"计算设置"修改,如图 2.6 所示。

图 2.6

a.修改梁计算设置:结施-05,设计说明"4.主次梁交接处,主梁内次梁两侧按右图各附加 3 根箍筋,间距 50 mm,直径同主梁箍筋"。

单击"框架梁",修改"26.次梁两侧共增加箍筋数量为 6",如图 2.7 所示。单击"非框架梁",作同样修改。

b.修改板计算设置:在结施-01(2)中,"(7)板内分布钢筋,除注明者外",见表 2.1。

表 2.1　板内分布钢筋

楼板厚度(mm)	≤110	120~160
分布钢筋直径、间距	φ 6@ 200	φ 8@ 200

单击"板",修改"3.分布钢筋配置"为"同一板厚的分布筋相同",如图 2.8 所示,单击"确定"按钮即可。

图 2.7

图 2.8

查看各层板结构施工图，"跨板受力筋标注长度位置"为"支座外边线"，"板中间支座负筋标注是否含支座"为"否"，"单边标注支座负筋标注长度位置"为"支座内边线"，修改后如图 2.9 所示。

②"搭接设置"修改。结施-01（1）中，"八、钢筋混凝土结构构造"中"2.钢筋接头形式及要求"下的"（1）框架梁、框架柱 当受力钢筋直径≥16 mm 时，采用直螺纹机械连接，接头性

能等级为一级;当受力钢筋直径<16 mm时,可采用绑扎搭接"。单击并修改"搭接设置",如图 2.10 所示。

板	20	跨中板带下部受力筋伸入支座的长度	max(ha/2,12*d)
基础	21	跨中板带上部受力筋伸入支座的长度	0.6*Lab+15*d
基础主梁 / 承台梁	22	柱上板带受力筋根数计算方式	向上取整+1
基础次梁	23	跨中板带受力筋根数计算方式	向上取整+1
砌体结构	24	柱上板带/板带暗梁的箍筋起始位置	距柱边50 mm
其他	25	柱上板带/板带暗梁的箍筋加密长度	3*h
	26	跨板受力筋标注长度位置	支座外边线
	27	柱上板带暗梁部位是否扣除平行板带筋	是
	28	⊟ 负筋	
	29	单标注负筋锚入支座的长度	能直锚就直锚,否则按公式计算:ha-bhc+15*d
	30	板中间支座负筋标注是否含支座	否
	31	单边标注支座负筋标注长度位置	支座内边线

图 2.9

		连接形式								墙柱垂直筋定尺	其余钢筋定尺
	钢筋直径范围	基础	框架梁	非框架梁	柱	板	墙水平筋	墙垂直筋	其他		
1	⊟ HPB235,HPB300										
2	3~10	绑扎	绑扎	绑扎	绑扎	绑扎	绑扎	绑扎	绑扎	12000	12000
3	12~14	绑扎	绑扎	绑扎	绑扎	绑扎	绑扎	绑扎	绑扎	9000	9000
4	16~22	直螺纹连接	直螺纹连接	直螺纹连接	直螺纹连接	直螺纹连接	直螺纹连接	电渣压力焊	电渣压力焊	9000	9000
5	25~32	套管挤压	直螺纹连接	直螺纹连接	直螺纹连接	套管挤压	套管挤压	套管挤压	套管挤压	9000	9000
6	⊟ HRB335,HRB335E,HRBF335,HRBF335E										
7	3~10	绑扎	绑扎	绑扎	绑扎	绑扎	绑扎	绑扎	绑扎	12000	12000
8	12~14	绑扎	绑扎	绑扎	绑扎	绑扎	绑扎	绑扎	绑扎	9000	9000
9	16~22	直螺纹连接	直螺纹连接	直螺纹连接	直螺纹连接	直螺纹连接	直螺纹连接	电渣压力焊	电渣压力焊	9000	9000
10	25~50	套管挤压	直螺纹连接	直螺纹连接	直螺纹连接	套管挤压	套管挤压	套管挤压	套管挤压	9000	9000
11	⊟ HRB400,HRB400E,HRBF400,HRBF400E,RR...										
12	3~10	绑扎	绑扎	绑扎	绑扎	绑扎	绑扎	绑扎	绑扎	12000	12000
13	12~14	绑扎	绑扎	绑扎	绑扎	绑扎	绑扎	绑扎	绑扎	9000	9000
14	16~22	直螺纹连接	直螺纹连接	直螺纹连接	直螺纹连接	直螺纹连接	直螺纹连接	电渣压力焊	电渣压力焊	9000	9000
15	25~50	套管挤压	直螺纹连接	直螺纹连接	直螺纹连接	套管挤压	套管挤压	套管挤压	套管挤压	9000	9000
16	⊟ 冷轧带肋钢筋										
17	4~10	绑扎	绑扎	绑扎	绑扎	绑扎	绑扎	绑扎	绑扎	12000	12000
18	10.5~12	绑扎	绑扎	绑扎	绑扎	绑扎	绑扎	绑扎	绑扎	9000	9000
19	⊟ 冷轧扭钢筋										
20	6.5~10	绑扎	绑扎	绑扎	绑扎	绑扎	绑扎	绑扎	绑扎	12000	12000
21	12~14	绑扎	绑扎	绑扎	绑扎	绑扎	绑扎	绑扎	绑扎	9000	9000

图 2.10

③钢筋定尺长度默认值与定额的计算规则取值相同,不修改。

④比重设置修改:单击比重设置,进入"比重设置"对话框。将直径为 6.5 mm 的钢筋比重复制到直径为 6 mm 的钢筋比重中,如图 2.11 所示。

图 2.11

【注意】

市面上直径 6 mm 的钢筋较少,一般采用 6.5 mm 的钢筋。

其余不需要修改。

四、任务结果

见以上各图。

2.3 新建楼层

通过本节的学习,你将能够:

(1)定义楼层;

(2)定义各类构件混凝土强度等级设置。

一、任务说明

根据《1 号办公楼施工图(含土建和安装)》,在软件中完成新建工程的楼层设置。

二、任务分析

①软件中新建工程的楼层应如何设置?

②如何对楼层进行添加或删除?

③各层对混凝土强度等级、砂浆标号的设置,对哪些计算有影响?

④工程楼层的设置应依据建筑标高还是结构标高? 区别是什么?

⑤基础层的标高应如何设置?

三、任务实施

1)分析图纸

层高的确定按照《1 号办公楼施工图(含土建和安装)》结施-05 中"结构层楼面标高表"建立,见表2.2。

表2.2　结构层楼面标高表

楼层	层底标高（m）	层高（m）
屋顶	14.4	
4	11.05	3.35
3	7.45	3.6

续表

楼层	层底标高（m）	层高（m）
2	3.85	3.6
1	−0.05	3.9
−1	−3.95	3.9

2）建立楼层

（1）楼层设置（图 2.12）

将鼠标定位在首层，单击"插入楼层"，则插入地上楼层。鼠标定位在基础层，单击"插入楼层"，则插入地下室。按照楼层表修改层高。

图 2.12

①软件默认给出首层和基础层。

②首层的结构底标高输入为−0.05 m，层高输入为 3.9 m，板厚本层最常用的为 120 mm。用鼠标左键选择首层所在的行，单击"插入楼层"，添加第 2 层，2 层高输入为 3.6 m，最常用的板厚默认为 120 mm。

③按照建立 2 层同样的方法，建立 3 层和 4 层，3 层层高为 3.6 m，4 层层高为 3.35 m。

单击基础层，插入楼层，地下一层的层高为 3.9 m。

修改层高后，如图 2.13 所示。

图 2.13

④根据结施-03,5-5 知基础底标高为-6.3 m,故设基础层层高为 2.35 m。

⑤根据建施-12,1-1 剖面图,知屋面层层高为 0.9 m。

(2)混凝土强度等级及保护层厚度修改

在结施-01(1)"七、主要结构材料"的"2.混凝土"中,混凝土强度等级见表 2.3。

表 2.3　混凝土强度等级

混凝土所在部位	混凝土强度等级	备注
基础垫层	C15	
独立基础、地梁	C30	
基础层~屋面主体结构:墙、柱、梁、板、楼梯	C30	
其余各结构构件:构造柱、过梁、圈梁等	C25	

在结施-01(1)"八、钢筋混凝土结构构造"中,主筋的混凝土保护层厚度信息如下:
基础钢筋:40 mm;梁:20 mm;柱:25 mm;板:15 mm。

【注意】
各部分钢筋的混凝土保护层厚度同时应满足不小于主筋直径的要求。

混凝土强度等级、砂浆类型、保护层厚度分别修改,如图 2.14 所示。

图 2.14

在建施-01、结施-01（1）中提到砌块墙体、砖墙都为 M5 水泥砂浆砌筑，修改砂浆标号为 M5，砂浆类型为水泥砂浆。保护层依据结施-01（1）说明依次修改即可。

首层修改完成后，单击左下角"复制到其他楼层"，如图 2.15 所示。

图 2.15

选择其他所有楼层，单击"确定"按钮即可，如图 2.16 所示。

图 2.16

四、任务结果

完成楼层设置，如图 2.17 所示。

图 2.17

2.4 建立轴网

通过本节的学习,你将能够:

(1)按图纸定义轴网;

(2)对轴网二次编辑。

一、任务说明

根据《1 号办公楼施工图(含土建和安装)》,在软件中完成轴网建立。

二、任务分析

①建施与结施图中采用什么图的轴网最全面?

②轴网中上下开间、左右进深如何确定?

三、任务实施

1) 建立轴网

楼层建立完毕后,切换到"绘图输入"界面。先建立轴网。施工时用放线来定位建筑物的位置,使用软件做工程时则是用轴网来定位构件的位置。

(1)分析图纸

由建施-03 可知,该工程的轴网是简单的正交轴网,上下开间的轴距相同,左右进深的轴距也都相同。

(2)轴网的定义

①切换到绘图输入界面之后,选择导航树中的"轴线"→"轴网",单击右键,选择"定义"按钮,将软件切换到轴网的定义界面。

②单击"新建"按钮,选择"新建正交轴网",新建"轴网-1"。

③输入"下开间",在"常用值"下面的列表中选择要输入的轴距,双击鼠标即添加到轴距中;或者在添加按钮下的输入框中输入相应的轴网间距,单击"添加"按钮或回车即可;按照图纸从左到右的顺序,"下开间"依次输入 3300,6000,6000,7200,6000,6000,3300;因为上下开间轴距相同,所以上开间可以不输入轴距。

④切换到"左进深"的输入界面,按照图纸从下到上的顺序,依次输入左进深的轴距为 2500,4700,2100,6900。修改轴号分别为Ⓐ,Ⓤ/A,Ⓑ,Ⓒ,Ⓓ。因为左右进深的轴距相同,所以右进深可以不输入轴距。

⑤可以看到,右侧的轴网图显示区域已经显示了定义的轴网,轴网定义完成。

2) 轴网的绘制

(1) 绘制轴网

①轴网定义完毕后,单击"绘图"按钮,切换到绘图界面。

②弹出"请输入角度"对话框,提示用户输入定义轴网需要旋转的角度。本工程轴网为水平竖直方向的正交轴网,旋转角度按软件默认输入"0"即可,如图2.18所示。

图2.18

③单击"确定"按钮,绘图区显示轴网,这样就完成了对本工程轴网的定义和绘制。

如果要将右进深、上开间轴号和轴距显示出来,在绘图区域,用鼠标右键单击"修改轴号位置",按鼠标左键拉框选择所有轴线,按右键确定。选择"两端标注",然后单击"确定"按钮即可,如图2.19所示。

图2.19

(2) 轴网的其他功能

①设置插入点:用于轴网拼接,可以任意设置插入点(不在轴线交点处或在整个轴网外都可以设置)。

②修改轴号和轴距:当检查到已经绘制的轴网有错误时,可以直接修改。

③软件提供了辅助轴线,用于构件辅轴定位。辅轴在任意图层都可以直接添加。辅轴主要有两点、平行、点角和圆弧。

四、任务结果

完成轴网,如图2.20所示。

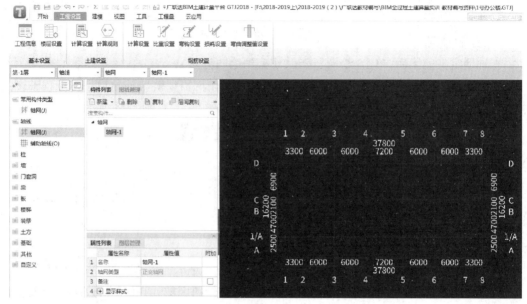

图 2.20

五、总结拓展

①新建工程中，主要确定工程名称、计算规则以及做法模式。蓝色字体的参数值影响工程量计算，按照图纸输入，其他信息只起标识作用。

②首层标记在楼层列表中的首层列，可以选择某一层作为首层。勾选后，该层作为首层，相邻楼层的编码自动变化，基础层的编码不变。

③底标高是指各层的结构底标高；软件中只允许修改首层的底标高，其他层底标高自动按层高反算。

④相同板厚是软件给的默认值，可以按工程图纸中最常用的板厚设置；在绘图输入新建板时，会自动默认取这里设置的数值。

⑤可以按照结构设计总说明对应构件选择混凝土强度等级和类型。对修改的强度等级和类型，软件会以反色显示。在首层输入相应的数值完毕后，可以使用右下角的"复制到其他楼层"命令，把首层的数值复制到参数相同的楼层。各个楼层的强度等级、保护层厚度设置完成后，就完成了对工程楼层的建立，可以进入"绘图输入"进行建模计算。

⑥有关轴网的编辑、辅助轴线的详细操作，请查阅"帮助"菜单中的文字帮助→绘图输入→轴线。

⑦建立轴网时，输入轴距的两种方法：一是常用的数值可以直接双击；二是常用值中没有的数据直接添加即可。

⑧当上下开间或者左右进深的轴距不一样时（即错轴），可以使用轴号自动生成功能将轴号排序。

⑨比较常用的建立辅助轴线的功能：二点辅轴（直接选择两个点绘制辅助轴线）；平行辅轴（建立平行于任意一条轴线的辅助轴线）；圆弧辅轴（可以通过选择 3 个点绘制辅助轴线）。

⑩在任何界面下都可以添加辅轴。轴网绘制完成后，就进入"绘图输入"部分。"绘图输入"部分可以按照后面章节的流程进行。

3 首层工程量计算

通过本章的学习,你将能够:
(1)定义柱、墙、板、梁、门窗、楼梯等构件;
(2)绘制柱、墙、梁、板、门窗、楼梯等图元;
(3)掌握飘窗、过梁在 GTJ2018 软件中的处理方法;
(4)掌握暗柱、连梁在 GTJ2018 软件中的处理方法。

3.1 首层柱工程量计算

通过本节的学习,你将能够:
(1)依据定额和清单确定柱的分类和工程量计算规则;
(2)依据平法、定额和清单确定柱的钢筋的类型及工程量计算规则;
(3)应用造价软件定义各种柱(如矩形柱、圆形柱、参数化柱、异形柱)的属性并套用做法;
(4)能够应用造价软件绘制本层柱图元;
(5)统计并核查本层柱的个数、土建及钢筋工程量。

一、任务说明
①完成首层各种柱的定义、做法套用及图元绘制。
②汇总计算,统计本层柱的土建及钢筋工程量。

二、任务分析
①各种柱在计量时的主要尺寸有哪些? 从哪个图中的什么位置找到? 有多少种柱?
②工程量计算中柱都有哪些分类? 都套用什么定额?
③软件如何定义各种柱? 各种异形截面端柱如何处理?
④构件属性、做法套用、图元之间有什么关系?
⑤如何统计本层柱的相关清单工程量和定额工程量?

三、任务实施

1)分析图纸

在《1 号办公楼施工图(含土建和安装)》结施-04 的柱表中得到柱的截面信息,本层以矩形框架柱为主,主要信息见表 3.1。

表 3.1   柱表

类型	名称	混凝土强度等级	截面尺寸(mm)	标高	角筋	b 每侧中配筋	h 每侧中配筋	箍筋类型号	箍筋
矩形框架柱	KZ1	C30	500×500	基础顶~+3.85	4⊈22	3⊈18	3⊈18	1(4×4)	⊈8@100
	KZ2	C30	500×500	基础顶~+3.85	4⊈22	3⊈18	3⊈18	1(4×4)	⊈8@100/200
	KZ3	C30	500×500	基础顶~+3.85	4⊈25	3⊈18	3⊈18	1(4×4)	⊈8@100/200
	KZ4	C30	500×500	基础顶~+3.85	4⊈25	3⊈20	3⊈20	1(4×4)	⊈8@100/200
	KZ5	C30	600×500	基础顶~+3.85	4⊈25	4⊈20	3⊈20	1(5×4)	⊈8@100/200
	KZ6	C30	500×600	基础顶~+3.85	4⊈25	3⊈20	4⊈20	1(4×5)	⊈8@100/200

还有一部分剪力墙柱、YBZ 约束边缘构件和 GBZ 构造边缘构件,如图 3.1 所示。

图 3.1

2)现浇混凝土柱基础知识

(1)清单计算规则学习

柱清单计算规则,见表3.2。

表 3.2　柱清单计算规则

编号	项目名称	单位	计算规则
010502001	矩形柱	m³	按设计图示尺寸以体积计算。柱高: (1)有梁板的柱高,应自柱基上表面(或楼板上表面)至上一层楼板上表面之间的高度计算
010502002	构造柱	m³	(2)无梁板的柱高,应自柱基上表面(或楼板上表面)至柱帽下表面之间的高度计算 (3)框架柱的柱高:应自柱基上表面至柱顶高度计算 (4)构造柱按全高计算,嵌接墙体部分(马牙槎)并入柱身体积
010502003	异形柱	m³	(5)依附柱上的牛腿和升板的柱帽,并入柱身体积计算
010515001	现浇构件钢筋	t	按设计图示钢筋(网)长度(面积)乘单位理论质量计算

(2)定额计算规则学习

柱定额计算规则见表3.3。

表 3.3　柱定额计算规则

编号	项目名称	单位	计算规则
A2-11	现浇混凝土 矩形柱	m³	按设计图示尺寸以体积计算: (1)有梁板的柱高,应自柱基上表面(或楼板上表面)至上一层楼板上表面之间的高度计算 (2)无梁板的柱高,应自柱基上表面(或楼板上表面)至柱帽下表面之间的高度计算 (3)框架柱的柱高,应自柱基上表面至柱顶面高度计算
A2-12	现浇混凝土 构造柱	m³	(4)构造柱按全高计算,嵌入墙体部分(马牙槎)并入柱身体积 (5)依附柱上的牛腿,并入柱身体积内计算 (6)钢管混凝土柱以钢管高度按照钢管内径计算混凝土体积

续表

编号	项目名称	单位	计算规则
A2-64	现浇构件圆钢筋 HPB300 直径≤10 mm	t	(1)现浇、预制构件钢筋,按设计图示钢筋长度(钢筋中心线)乘以单位理论质量计算 (2)钢筋搭接长度应按设计图示及规范要求计算,设计图示及规范要求未标明搭接长度的,不另计算搭接长度 (3)钢筋的搭接(接头)数量应按设计图示及规范要求计算;设计图示及规范要求未标明的,按以下规定计算: ①直径 10 mm 以内的长钢筋按每 12 m 计算一个钢筋搭接(接头) ②直径 10 mm 以上的长钢筋按每 9 m 计算一个搭接(接头) (4)各类钢筋机械连接接头不分钢筋规格,按设计要求或施工规范规定以"个"计算,且不再计算该处的钢筋搭接长度 (5)混凝土构件预埋铁件、螺栓,按设计图示尺寸以质量计算
A2-70	现浇构件带肋钢筋 HRB400 以内直径≤ 25 mm		
A16-50	矩形柱 胶合板模板 钢支撑 3.6 m 以内	100 m²	
A16-52	构造柱 胶合板模板 钢支撑 3.6 m 以内	100 m²	按模板与现浇混凝土构件的接触面积计算
A16-54	异形柱 胶合板模板 3.6 m 以内钢支撑	100 m²	
A16-58	柱支撑 高度超过 3.6 m,每增加 1 m 钢支撑	100 m²	模板支撑高度大于 3.6 m 时,按超过部分全部面积计算工程量

(3)柱平法知识

柱类型有框架柱、框支柱、芯柱、梁上柱、剪力墙柱等。从形状上可分为圆形柱、矩形柱、异形柱等。柱钢筋的平法表示有两种:一是列表注写方式;二是截面注写方式。

①列表注写。在柱表中注写柱编号、柱段起止标高、几何尺寸(含柱截面对轴线的偏心情况)与配筋信息、箍筋信息,如图 3.2 所示。

②截面注写。在同一编号的柱中选择一个截面,以直接注写截面尺寸和柱纵筋及箍筋信息,如图 3.3 所示。

柱号	标高	$b \times h$ (圆柱直径D)	b_1	b_2	h_1	h_2	全部 纵筋	角筋	b边一侧 中部筋	h边一侧 中部筋	箍筋 类型号	箍筋	备注
KZ1	−0.030~19.470	750×700	375	375	150	550	24⊈25				1(5×4)	Φ10@100/200	
	19.470~37.470	650×600	325	325	150	450			4⊈22	5⊈22	4⊈20	1(4×4)	Φ10@100/200	—
	37.470~59.070	550×500	275	275	150	350			4⊈22	5⊈22	4⊈20	1(4×4)	Φ8@100/200	
XZ1	−0.030~8.670						8⊈25				按标准 构造详图	Φ10@100	③×Ⓑ轴 KZ1中设置

柱表

图 3.2

图 3.3

3)柱的定义

（1）矩形框架柱 KZ1

①在导航树中单击"柱"→"柱"，在"构件列表"中单击"新建"→"新建矩形柱"，如图3.4所示。

②在"属性编辑框"中输入相应的属性值，框架柱的属性定义如图 3.5 所示。

图 3.4

图 3.5

【注意】

①名称:根据图纸输入构件的名称 KZ1,该名称在当前楼层的当前构件类型下是唯一的。

②结构类别:类别会根据构件名称中的字母自动生成,例如,KZ 生成的是框架柱,也可以根据实际情况进行选择,KZ1 为框架柱。

③定额类别:选择为普通柱。

④截面宽度(B 边):KZ1 柱的截面宽度为 500 mm。

⑤截面高度(H 边):KZ1 柱的截面高度为 500 mm。

⑥全部纵筋:表示柱截面内所有的纵筋,如 24 ⻢28;如果纵筋有不同的级别和直径则使用"+"连接,如 4 ⻢28+16 ⻢22。在此 KZ1 的全部纵筋值设置为空,采用角筋、B 边一侧中部筋和 H 边一侧中部筋详细描述。

⑦角筋:只有当全部纵筋属性值为空时才可输入,根据结施-04 的柱表知 KZ1 的角筋为 4 ⻢22。

⑧箍筋:KZ1 的箍筋⻢8@ 100(4×4)。

⑨节点区箍筋:不填写,软件自动取箍筋加密值。

⑩箍筋肢数:通过单击当前框中省略号按钮选择肢数类型,KZ1 的箍筋肢数为 4×4 肢箍。

(2)参数化柱(以首层约束边缘柱 YBZ1 为例)

①新建柱,选择"新建参数化柱"。

②在弹出的"选择参数化图形"对话框中,设置截面类型与具体尺寸,如图 3.6 所示。单击"确认"后显示属性列表。

图 3.6

③参数化柱的属性定义,如图3.7所示。

图 3.7

【注意】
①截面形状:可以单击当前框中的省略号按钮,在弹出的"选择参数化图形"对话框中进行再次编辑。
②截面宽度(B边):柱截面外接矩形的宽度。
③截面高度(H边):柱截面外接矩形的高度。

(3)异形柱(以 YZB2 为例)
①新建柱,选择"新建异形柱"。
②在弹出的"异形截面编辑器"中绘制线式异形截面,单击"确认"按钮后可编辑属性,如图3.8所示。

图 3.8

③异形柱的属性定义，如图 3.9 所示。

（4）圆形框架柱（拓展）

选择"新建"→"新建圆形柱"，方法同矩形框架柱的属性定义。本工程无圆形框架柱，属性信息均是假设的。圆形框架柱的属性定义如图 3.10 所示。

| | 图 3.9 | 图 3.10 |

【注意】

截面半径：设置圆形柱截面半径，可用"数值/数值"来表示变截面柱，输入格式为"柱顶截面尺寸/柱底截面尺寸"（圆形柱没有截面宽、截面高的属性）。

4）做法套用

柱构件定义好后，需要进行套用做法操作。套用做法是指构件按照计算规则计算汇总出做法工程量，方便进行同类项汇总，同时与计价软件数据对接。构件套用做法，可手动添加清单定额、查询清单定额库添加、查询匹配清单定额添加实现。

单击"定义"，在弹出的"定义"界面中，单击构件做法，可通过查询清单库的方式，添加清单，KZ1 混凝土的清单项目编码为 010502001；KZ1 模板的清单项目编码为 011702002；通过查询定额库可以添加定额，正确选择对应定额项，KZ1 的做法套用，图 3.11 所示。暗柱做法套用，如图 3.12 所示。

	编码	类别	名称	项目特征	单位	工程量表达式	表达式说明	单价
1	⊟ 010502001	项	矩形柱	1.混凝土种类：商品混凝土 2.混凝土强度等级：C30	m3	TJ	TJ<体积>	
2	A2-11	定	现浇混凝土 矩形柱		m3	TJ	TJ<体积>	4312.85
3	⊟ 011702002	项	矩形柱	1.模板高度：3.6m以上	m2	MBMJ	MBMJ<模板面积>	
4	A16-50	定	矩形柱 胶合板模板 钢支撑3.6m以内		m2	MBMJ	MBMJ<模板面积>	5681.51
5	A16-60	定	柱支撑 高度超过8m,每增加1m钢支撑		m2	CGMBMJ	CGMBMJ<超高模板面积>	495.89

图 3.11

	编码	类别	名称	项目特征	单位	工程量表达式	表达式说明	单价
1	⊟ 010504001	项	直形墙(暗柱)	1.混凝土种类:商品混凝土 2.混凝土强度等级:C30 3.部位:电梯井壁(暗柱) 4.墙体高度:3.6m	m3	TJ	TJ<体积>	
2	A2-28	定	现浇混凝土 电梯井壁直形墙		m3	TJ	TJ<体积>	4054.08
3	⊟ 011702013	项	短肢剪力墙、电梯井壁(暗柱)	1.支撑高度:3.6m以上	m2	MBMJ	MBMJ<模板面积>	
4	A16-91	定	电梯井壁胶合板模板3.6m以内钢支撑		m2	MBMJ	MBMJ<模板面积>	5898.96
5	A16-94	定	墙支撑高度超过3.6m,每增加1m钢支撑		m2	CGMBMJ	CGMBMJ<超高模板面积>	372.84

图 3.12

5) 柱的画法讲解

柱定义完毕后,单击"绘图"按钮,切换到绘图界面。

(1)点绘制

通过"构件列表"选择要绘制的构件 KZ1,用鼠标捕捉①轴与①轴的交点,直接单击鼠标左键,就可完成柱 KZ1 的绘制,如图 3.13 所示。

图 3.13

(2)偏移绘制

偏移绘制常用于绘制不在轴线交点处的柱,①轴上,④~⑤轴之间的 TZ1 不能直接用鼠标选择点绘制,需要使用"Shift 键+鼠标左键"相对于基准点偏移绘制。

①把鼠标放在①轴和④轴的交点处,同时按下键盘上的"Shift"键和鼠标左键,弹出"输入偏移量"对话框;由结施-13 可知,TZ1 的中心相对于①轴与④轴交点向右偏移 1650 mm,在对话框中输入 X = "1650",Y = "50";表示水平方向偏移量为 1650 mm,竖直方向向上偏移50 mm,如图 3.14 所示。

图 3.14

②单击"确定"按钮,TZ1 就偏移到指定位置了,如图 3.15 所示。

图 3.15

(3)智能布置

当图 3.15 中某区域轴线相交处的柱都相同时,可采用"智能布置"方法来绘制柱。如结施-04 中,②~⑦轴与①轴的 6 个交点处都为 KZ3,即可利用此功能快速布置。选择 KZ3,单击"建模"→"柱二次编辑"→"智能布置",选择按"轴线"布置,如图 3.16 所示。

然后在图框中框选要布置柱的范围,单击右键确定,则软件自动在所有范围内所有轴线相交处布置上 KZ3,如图 3.17 所示。

(4)镜像

通过图纸分析可知,①~④轴的柱与⑤~⑧轴的柱是对称的,因此,在绘图时可以使用一种简单的方法:先绘制①~④轴

图 3.16

的柱,然后使用"镜像"功能绘制⑤~⑧的轴。操作步骤如下:

①选中①~④轴之间的柱,单击"建模"页签下修改面板中的"镜像",如图3.18所示。

图3.17

图3.18

②点中显示栏的"中点",捕捉④~⑤轴的中点,可以看到屏幕上有一个黄色的三角形,选中第二点,单击鼠标右键确定即可,如图3.19所示。在状态栏的地方会提示需要进行的下一步操作。

图3.19

四、任务结果

单击"工程量"页签下的云检查,云检查无误后进行汇总计算(或者按快捷键"F9"),弹出汇总计算对话框,选择首层下的柱,如图3.20所示。

汇总计算后,在"工程量"页签下可以查看"土建计算"结果,见表3.4;"钢筋计算"结果,见表3.5。

图 3.20

表 3.4　首层框架柱清单、定额工程量

编码	项目名称	单位	工程量明细	
			绘图输入	表格输入
010502001001	矩形柱 [项目特征] (1)混凝土种类:商品混凝土 (2)混凝土强度等级:C30	m³	32.097	
A2-11	现浇混凝土 矩形柱	10 m³	3.2097	
011702002001	矩形柱 模板高度:3.6 m 以外	m²	252.72	
A16-50	矩形柱 胶合板模板 钢支撑 3.6 m 以内	100 m²	2.5272	
A16-58	柱支撑 高度超过 3.6 m,每增加 1 m 钢支撑	100 m²	0.1944	
011702002002	矩形柱 模板高度:3.6 m 以内	m²	1.95	
A16-50	矩形柱 胶合板模板 钢支撑 3.6 m 以内	100 m²	0.0195	

表 3.5 首层柱钢筋工程量

楼层名称	构建数量	构件名称	钢筋总质量(kg)	HRB400							
				8	10	16	18	20	22	25	合计
端柱/暗柱	2	YBZ1	241.724		93.44			148.284			241.724
	2	YBZ2	290.198		117.2			172.998			290.198
	4	KZ1	252.612	82.6			112.176		57.836		252.612
	6	KZ2	225.767	55.755			112.176		57.836		225.767
	6	KZ3	244.807	55.863			112.176			76.768	244.807
柱	12	KZ4	273.811	55.863				141.18		76.768	273.811
	2	KZ5	308.683	67.203				164.71		76.77	308.683
	2	KZ6	308.683	67.203				164.71		76.77	308.683
	1	TZ1	37.878		12.894	24.984					37.878
		合计	9456.078	1939.276	434.174	24.984	1794.816	2995.564	578.36	1688.904	9456.078

五、总结拓展

1) 查改标注

框架柱主要使用"点"绘制,或者用偏移辅助"点"绘制。如果有相对轴线偏心的支柱,则可使用以下"查改标注"的方法进行偏心的设置和修改,操作步骤如下:

①选中图元,单击"建模"→"柱二次编辑"→"查改标注",使用"查改标注"来修改偏心,如图 3.21 所示。

②回车依次修改绿色字体的标注信息,全部修改后鼠标左键单击屏幕的其他位置即可,右键结束命令,如图 3.22 所示。

图 3.21

图 3.22

2) 修改图元名称

如果需要修改已经绘制的图元名称,也可采用以下两种方法:

①"修改图元名称"功能。如果要把一个构件的名称替换成另一个名称,假如要把 KZ6 修改为 KZ1,可以使用"修改图元名称"功能。选中 KZ6,单击鼠标右键选择"修改图元名

称",则会弹出"修改图元名称"对话框,如图 3.23 所示。将 KZ6 修改成 KZ1 即可。

图 3.23

②通过属性列表修改。选中图元,"属性列表"对话框中会显示图元的属性,点开下拉名称列表,选择需要的名称,如图 3.24 所示。

3)"构件图元名称显示"功能

柱构件绘制到图上后,如果需要在图上显示图元的名称,可使用"视图"选项卡下的"显示设置"功能。在弹出如图 3.25 所示的显示设置面板中,勾选显示的图元或显示名称,方便查看和修改。

图 3.24　　　　　　　　　　图 3.25

例如,显示柱子及其名称,则在柱显示图元及显示名称后面打钩,也可通过按"Z"键将柱图元显示出来,按"Shift+Z"键将柱图元名称显示出来。

4)柱的属性

在柱的属性中有标高的设置,包括底标高和顶标高。软件默认竖向构件是按照层底标高和层顶标高,可根据实际情况修改构件或图元的标高。

5)构件属性编辑

在对构件进行属性编辑时,属性编辑框中有两种颜色的字体:蓝色字体和黑色字体。蓝色字体显示的是构件的公有属性,黑色字体显示的是构件的私有属性,对公有属性部分进行操作,所做的改动对同层所有同名称构件起作用。

问题思考

(1)在绘图界面怎样调出柱属性编辑框对图元属性进行修改?

(2)在参数化柱模型中找不到的异形柱如何定义?

(3)在柱定额子目中找不到所需的子目,如何定义该柱构件做法?

3.2 首层剪力墙工程量计算

通过本节的学习,你将能够:

(1)定义剪力墙的属性;

(2)绘制剪力墙图元;

(3)掌握连梁在软件中的处理方式;

(4)统计本层剪力墙的阶段性工程量。

一、任务说明

①完成首层剪力墙的定义、做法套用及图元绘制。

②汇总计算,统计本层剪力墙的工程量。

二、任务分析

①剪力墙在计量时的主要尺寸有哪些? 从哪个图中的什么位置能找到?

②剪力墙的暗柱、端柱分别是如何计算钢筋工程量的?

③剪力墙的暗柱、端柱分别是如何套用清单定额的?

④当剪力墙墙中性线与轴线不重合时,该如何处理?

⑤电梯井壁剪力墙的施工措施有什么不同?

三、任务实施

1) 分析图纸

（1）分析剪力墙

分析结施-04、结施-01 可以得到首层剪力墙的信息，见表3.6。

表3.6 剪力墙表

序号	类型	名称	混凝土型号	墙厚(mm)	标高	水平筋	竖向筋	拉筋
1	内墙	Q3	C30	200	−0.05 ~ +3.85	Φ12@150	Φ14@150	Φ8@450

（2）分析连梁

连梁是剪力墙的一部分。结施-06 剪力墙上有 LL1（1），尺寸为 200 mm×1000 mm，下方有门洞，箍筋为 Φ10@100（2），上部纵筋为 4Φ22，下部纵筋为 4Φ22，侧面纵筋为 GΦ12@200。

2) 剪力墙清单、定额计算规则学习

（1）清单计算规则学习

剪力墙清单计算规则，见表3.7。

表3.7 剪力墙清单计算规则

编号	项目名称	单位	计算规则
010504001	直形墙	m³	按设计图示尺寸以体积计算。扣除门窗洞口及单个面积>0.3 m² 的孔洞所占体积
011702011	直形墙模板	m²	按模板与现浇混凝土构件的接触面积计算
011702013	短肢剪力墙、电梯井壁	m²	按模板与现浇混凝土构件的接触面积计算

（2）定额计算规则

剪力墙定额计算规则，见表3.8。

表3.8 剪力墙定额计算规则

编号	项目名称	单位	计算规则
A2-28	现浇混凝土 电梯井壁直形墙	10 m³	按设计图示尺寸以体积计算，扣除门窗洞口及0.3 m²以外孔洞所占体积，墙垛及凸出部分并入墙体积内计算。直形墙中门窗洞口上的梁并入墙体积；短肢剪力墙结构砌体内门窗洞口上的梁并入梁体积。墙与柱连接时墙算至柱边：墙与梁连接时墙算至梁底；墙与板连接时墙算至板底；未凸出墙面的暗梁暗柱并入墙体积

续表

编号	项目名称	单位	计算规则
A16-91	电梯井壁胶合板模板 3.6 m 以内钢支撑	100 m²	按模板与现浇混凝土构件的接触面积计算
A16-94	墙支撑高度超过3.6 m，每增加1 m 钢支撑	100 m²	模板支撑高度大于3.6 m 时，按超过部分全部面积计算工程量

3)剪力墙属性定义

(1)新建剪力墙

在导航树中选择"墙"→"剪力墙"，在"构件列表"中单击"新建"→"新建内墙"，如图3.26所示。在"属性列表"中对图元属性进行编辑，如图3.27 所示。

图 3.27

图 3.26

(2)新建连梁

在导航树中选择"梁"→"连梁"，在"构件列表"中单击"新建"→"新建矩形连梁"，如图3.28 所示。

在"属性列表"中对图元属性进行编辑，如图3.29 所示。

图 3.29

图 3.28

图 3.30

（3）通过复制建立新构件

分析结施-04 可知，该案例工程有 Q3（基础-11.05 m）和 Q4（11.05～15.90 m）两种类型的剪力墙，厚度都是 200 mm，水平筋分别是 Φ12@ 150 和 Φ10@ 200，竖向筋分别是 Φ14@ 150 和 Φ10@ 200，拉筋分别为 Φ8@450和Φ8@ 600。其区别在于墙体的名称和钢筋信息以及布置位置不一样。在新建好的 Q3 后，选中"Q3"，单击鼠标右键选择"复制"按钮，或者直接单击复制工具，软件自动建立名为"Q4"的构件，然后对"Q4"进行属性编辑，如图 3.30 所示。

4) 做法套用

①剪力墙做法套用，如图 3.31 所示。

	编码	类别	名称	项目特征	单位	工程量表达式	表达式说明	单价	综合单价
1	⊟ 010504001	项	直形墙	部位：电梯井壁 1.混凝土种类：商品混凝土 2.混凝土强度等级：C30	m3	TJ	TJ〈体积〉		
2	A2-28	定	现浇混凝土 电梯井壁直形墙		m3	TJ	TJ〈体积〉	4054.08	
3	⊟ 011702013	项	短肢剪力墙、电梯井壁	1.模板高度：3.6m以上	m2	MBMJ	MBMJ〈模板面积〉		
4	A16-91	定	电梯井壁胶合板模板3.6m以内钢支撑		m2	MBMJ	MBMJ〈模板面积〉	5898.96	
5	A16-94	定	墙支撑高度超过3.6m,每增加1m钢支撑		m2	CGMBMJ	CGMBMJ〈超高模板面积〉	372.84	

图 3.31

②在剪力墙中，连梁是归到剪力墙里的，所以连梁做法套用同剪力墙，如图 3.32 所示。

编码	类别	名称	项目特征	单位	工程量表达式	表达式说明	单价	综合单价
1 010504001	项	直形墙	部位:电梯井壁 1.混凝土种类:商品混凝土 2.混凝土强度等级:C30	m3	TJ	TJ<体积>		
2 A2-28	定	现浇混凝土 电梯井壁直形墙		m3	TJ	TJ<体积>	4054.08	
3 011702013	项	短肢剪力墙、电梯井壁	1.模板高度:3.6m以上	m2	MBMJ	MBMJ<模板面积>		
4 A16-91	定	电梯井壁胶合板模板3.6m以内钢支撑		m2	MBMJ	MBMJ<模板面积>	5898.96	
5 A16-94	定	墙支撑高度超过3.6m,每增加1m钢支撑		m2	CGMBMJ	CGMBMJ<超高模板面积>	372.84	

图 3.32

5) 画法讲解

(1) 剪力墙的画法

剪力墙定义完毕后,切换到绘图界面。

①直线绘制。在导航树中选择"墙"→"剪力墙",通过"构件列表"选择要绘制的构件 Q3,依据结施-04 和结施-05 可知,剪力墙和暗柱都是 200 mm 厚,且内外边线对齐,将鼠标捕捉左下角的 YBZ1,左键单击 Q3 的起点,鼠标左键单击终点即可完成绘制。

②对齐。用直线完成 Q3 的绘制后,检查剪力墙是否与 YBZ1 和 YBZ2 对齐,假如不对齐,可采用"对齐"功能将剪力墙和 YBZ 对齐。选中 Q3,单击"对齐",用鼠标左键单击需要对齐的目标线,再用左键单击选择图元需要对齐的边线。完成绘制,如图 3.33 所示。

(2) 连梁的画法

连梁定义完毕后,切换到绘图界面。采用"直线"绘制的方法绘制。

图 3.33

通过"构件列表"选择"梁"→"连梁",单击"建模"→"直线",依据结施-05 可知,连梁和暗柱都是 200 mm 厚,且内外边线对齐,用鼠标捕捉连梁 LL1(1) 的起点,捕捉终点即可。

四、任务结果

绘制完成后,单击工程量选项卡下的"汇总计算",进行汇总计算工程量,或者按"F9"进行汇总计算。再选择查看报表,单击"设置报表范围",选择首层剪力墙、暗柱和连梁,单击"确定"按钮,首层剪力墙清单、定额工程量见表 3.9。

表 3.9　首层剪力墙清单、定额工程量

编码	项目名称	单位	工程量明细	
			绘图输入	表格输入
010504001001	直形墙 C30 ［项目特征］ (1)混凝土种类:商品混凝土 (2)混凝土强度等级:C30	m^3	6.694	
A2-28	现浇混凝土 电梯井壁直形墙	10 m^3	0.6694	
011702013001	短肢剪力墙、电梯井壁 模板高度:3.6 m 以外	m^2	68.32	

续表

编码	项目名称	单位	工程量明细	
			绘图输入	表格输入
A16-91	电梯井壁胶合板模板 3.6 m 以内钢支撑	100 m²	0.6832	
A16-94	支撑高度超过 3.6 m,每增加 1 m 钢支撑	100 m²	0.0564	

首层剪力墙钢筋工程量见表 3.10。

表 3.10　首层剪力墙钢筋

楼层名称	构件类型	钢筋总质量（kg）	HPB300	HRB400					
			6	8	10	12	14	20	22
首层	暗柱/端柱	1063.844			421.28			642.564	
	剪力墙	721.498		10.434		399.384	311.68		
	连梁	116.447	1.044		17.039	23.98			74.384
	合计	1901.789	1.044	10.434	438.319	399.384	311.68	642.564	74.384

五、总结拓展

对"属性编辑框"中的"附加"进行勾选,方便用户对所定义的构件进行查看和区分。

题思考

(1)剪力墙为什么要区分内、外墙定义?

(2)电梯井壁墙的内侧模板是否存在超高?

(3)电梯井壁墙的内侧模板和外侧模板是否套用同一定额?

3.3　首层梁工程量计算

通过本节的学习,你将能够:

(1)依据定额和清单确定梁的分类和工程量计算规则;

(2)依据平法、定额和清单确定梁的钢筋类型及工程量计算规则;

(3)定义梁的属性,进行正确的做法套用;

(4)绘制梁图元,正确对梁进行二次编辑;

(5)统计梁工程量。

一、任务说明

①完成首层梁的属性定义、做法套用及图元绘制。

②汇总计算,统计本层梁的钢筋及土建工程量。

二、任务分析

①梁在计量时的主要尺寸有哪些? 可以从哪个图中的什么位置找到? 有多少种梁?

②梁是如何套用清单定额的? 软件中如何处理变截面梁?

③梁的标高如何调整? 起点顶标高和终点顶标高不同会有什么结果?

④绘制梁时如何使用"Shift+左键"实现精确定位?

⑤各种不同名称的梁如何能快速套用做法?

⑥参照16G101—1第84-97页,分析框架梁、非框架梁、屋框梁、悬臂梁纵筋及箍筋的配筋构造。

⑦按图集构造分别列出各种梁中各种钢筋的计算公式。

三、任务实施

1)分析图纸

①分析结施-06,从左至右、从上至下,本层有框架梁和非框架梁两种。

②框架梁 KL1~KL10b,非框架梁 L1(1),主要信息见表3.11。

表 3.11 梁表

序号	类型	名称	混凝土强度等级	截面尺寸(mm)	顶标高	备注
1	框架梁	KL1(1)	C30	250×500	层顶标高	钢筋信息参考结施-06
		KL2(2)	C30	300×500	层顶标高	
		KL3(3)	C30	250×500	层顶标高	
		KL4(1)	C30	300×600	层顶标高	
		KL5(3)	C30	300×500	层顶标高	
		KL6(7)	C30	300×500	层顶标高	
		KL7(3)	C30	300×500	层顶标高	
		KL8(1)	C30	300×600	层顶标高	
		KL9(3)	C30	300×600	层顶标高	
		KL10(3)	C30	300×600	层顶标高	
		KL10a(3)	C30	300×600	层顶标高	
		KL10b(1)	C30	300×600	层顶标高	
2	非框架梁	L1(1)	C30	300×550	层顶标高	

2)现浇混凝土梁基础知识学习

(1)清单计算规则学习

梁清单计算规则见表 3.12。

表 3.12　梁清单计算规则

编号	项目名称	单位	计算规则
010503002	矩形梁	m^3	按设计图示尺寸以体积计算。伸入墙内的梁头、梁垫并入梁体积内。梁长： (1)梁与柱连接时,梁长算至柱侧面 (2)主梁与次梁连接时,次梁长算至主梁侧面
011702006	矩形梁	m^2	按模板与现浇混凝土构件的接触面积计算
010505001	有梁板	m^3	按设计图示尺寸以体积计算,有梁板(包括主梁、次梁与板)按梁、板体积之和计算
011702014	有梁板	m^2	按模板与现浇混凝土构件的接触面积计算

(2)定额计算规则学习

梁定额计算规则见表 3.13。

表 3.13　梁定额计算规则

编号	项目名称	单位	计算规则
A2-17	现浇混凝土 矩形梁	$10\ m^3$	按设计图示尺寸以体积计算,伸入砖墙内的梁头、梁垫并入梁体积内 (1)梁与柱连接时,梁长算至柱侧面 (2)主梁与次梁连接时,次梁长算至主梁侧面
A2-21	现浇混凝土 弧形、拱形梁	$10\ m^3$	按设计图示尺寸以体积计算,伸入砖墙内的梁头、梁垫并入梁体积内 (1)梁与柱连接时,梁长算至柱侧面 (2)主梁与次梁连接时,次梁长算至主梁侧面
A16-68	矩形梁 胶合板模板 3.6 m以内钢支撑	$100\ m^2$	按模板与现浇混凝土构件的接触面积计算
A16-76	弧形梁 木模板 3.6 m以内钢支撑	$100\ m^2$	按模板与现浇混凝土构件的接触面积计算
A16-78	梁支撑 高度超过3.6 m,每增加 1 m 钢支撑	$100\ m^2$	模板支撑高度大于 3.6 m 时,按超过部分全部面积计算工程量

续表

编号	项目名称	单位	计算规则
A2-30	现浇混凝土 有梁板	10 m³	按设计图示尺寸以体积计算,不扣除单个面积 0.3 m² 以内的柱、垛及孔洞所占体积 有梁板是指梁(包括主、次梁)与板构成一体,其工程量按梁、板的体积总和计算,与柱头重合部分体积应扣除
A16-101	有梁板胶合板模板 3.6 m 以内钢支撑	100 m²	按模板与现浇混凝土构件的接触面积计算
A16-125	板支撑高度超过3.6 m,每增加 1 m 钢支撑 3.6 m 每增加 1 m	100 m²	模板支撑高度大于 3.6 m 时,按超过部分全部面积计算工程量

(3)梁平法知识

梁类型有楼层框架梁、屋面框架梁、框支梁、非框架梁、悬挑梁等。梁平面布置图上采用平面注写方式或截面注写方式表达。

①平面注写:在梁平面布置图上,分别在不同编号的梁中各选一根梁,在其上注写截面尺寸和配筋具体数值的方式来表达梁平法施工图,如图 3.34 所示。平面注写包括集中标注与原位标注,集中标注表达梁的通用数值,原位标注表达梁的特殊数值。当集中标注中的某项数值不适用于梁的某部位时,则将该项数值原位标注。施工时,原位标注取值优先。

图 3.34

②截面注写:在分标准层绘制的梁平面布置图上,分别在不同编号的梁中各选择一根梁用剖面号引出配筋图,并在其上注写截面尺寸和配筋具体数值的方式来表达梁平法施工图,如图 3.35 所示。

图 3.35

③框架梁钢筋类型及软件输入格式：以上/下部贯通筋为例，侧面钢筋、箍筋、拉筋等为例，见表 3.14。

表 3.14 框架梁钢筋类型及软件输入格式

钢筋类型	输入格式	说明
上部通长筋	2⾠22	数量+级别+直径，有不同的钢筋信息用"+"连接，注写时将角部纵筋写在前面
	2⾠25+2⾠22	
	4⾠20 2/2	当存在多排钢筋时，使用"/"将各排钢筋自上而下分开
	2⾠20/2⾠22	
	1-2⾠25	图号-数量+级别+直径，图号为悬挑梁弯起钢筋图号
	2⾠25+(2⾠22)	当有架立筋时，架立筋信息输在加号后面的括号中
下部通长筋	2⾠22	数量+级别+直径，有不同的钢筋信息用"+"连接
	2⾠25+2⾠22	
	4⾠20 2/2	当存在多排钢筋时，使用"/"将各排钢筋自上而下分开
	2⾠20/2⾠22	
侧面钢筋（总配筋值）	G42⾠16 或 N42⾠16	梁两侧侧面筋的总配筋值
	G⾠16@ 100 或 N⾠16@ 100	

钢筋类型	输入格式	说明
箍筋	20⏀8(4)	数量+级别+直径+肢数,肢数不输入时按肢数属性中的数据计算
	⏀8@100(4)	级别+直径+@+间距+肢数,加密区间距和非加密区间距用"/"分开,加密区间距在前,非加密区间距在后
	⏀8@100/200(4)	
	13⏀8@100/200(4)	此种输入格式主要用于指定梁两端加密箍筋数量的设计方式。"/"前面表示加密区间距,后面表示非加密区间距。当箍筋肢数不同时,需要在间距后面分别输入相应的肢数
	9⏀8@100/12⏀12@150/⏀16@200(4)	此种输入格式表示从梁两端到跨内,按输入的间距、数量依次计算。当箍筋肢数不同时,需要在间距后面分别输入相应的肢数
	10⏀10@100(4)/⏀8@200(2)	此种输入格式主要用于加密区和非加密区箍筋信息不同时的设计方式。"/"前面表示加密区间距,后面表示非加密区间距
	⏀10@100(2)[2500];⏀12@100(2)[2500]	此种输入格式主要用于同一跨梁内不同范围存在不同箍筋信息的设计方式
拉筋	⏀16	级别+直径,不输入间距按照非加密区箍筋间距的2倍计算
	4⏀16	排数+级别+直径,不输入排数按照侧面纵筋的排数计算
	⏀16@100 或⏀16@100/200	级别+直径+@+间距,加密区间距和非加密区间距用"/"分开,加密区间距在前,非加密区间距在后
支座负筋	4⏀16 或2⏀22+2⏀25	数量+级别+直径,有不同的钢筋信息用"+"连接
	4⏀16 2/2 或4⏀14/3⏀18	当存在多排钢筋时,使用"/"将各排钢筋自上而下分开
	4⏀16+2500	数量+级别+直径+长度,长度表示支座筋伸入跨内的长度。此种输入格式主要用于支座筋指定伸入跨内长度的设计方式
	4⏀16 2/2+1500/2000	数量+级别+直径+数量/数量+长度/长度。该输入格式表示:第一排支座筋2⏀16,伸入跨内1500,第二排支座筋2⏀16伸入跨内2000

续表

钢筋类型	输入格式	说明
跨中筋	4Φ16 或 2Φ22+2Φ25	数量+级别+直径,有不同的钢筋信息用"+"连接
	4Φ16 2/2 或 4Φ14/3Φ18	当存在多排钢筋时,使用"/"将各排钢筋自上而下分开
	4Φ16+(2Φ18)	当有架立筋时,架立筋信息输在加号后面的括号中
	2-4Φ16	图号-数量+级别+直径,图号为悬挑梁弯起钢筋图号
下部钢筋	4Φ16 或 2Φ22+2Φ25	数量+级别+直径,有不同的钢筋信息用"+"连接
	4Φ16 2/2 或 6Φ14(-2)/4	当存在多排钢筋时,使用"/"将各排钢筋自上而下分开。当有下部钢筋不全部伸入支座时,将不伸入的数量用(-数量)的形式表示
次梁加筋	4	数量,表示次梁两侧共增加的箍筋数量,箍筋的信息和长度与梁一致
	4Φ16(2)	数量+级别+直径+肢数,肢数不输入时按照梁的箍筋肢数处理
	4Φ16(2)/3Φ18(4)	数量+级别+直径+肢数/数量+级别+直径+肢数,不同位置的次梁加筋可以使用"/"隔开
吊筋	4Φ16 或 4Φ14+3Φ18	数量+级别+直径,不同位置的次梁吊筋信息可以使用"/"隔开
加腋钢筋	4Φ16 或 4Φ14+3Φ18	数量+级别+直径,有不同的钢筋信息用"+"连接
	4Φ16 2/2 或 4Φ14+3Φ18	当存在多排钢筋时,使用"/"将各排钢筋自上而下分开
	4Φ16 或 3Φ18	数量+级别+直径;数量+级别+直径,左右端加腋钢筋信息不同时用";"隔开。没有分号隔开时表示左右端配筋相同

3)梁的属性定义

(1)框架梁

在导航树中单击"梁"→"梁",在"构件列表"中单击"新建"→"新建矩形梁",新建矩形梁 KL6(7),根据 KL6(7)结施-06,在图纸中的标注信息,在"属性列表"中输入相应的属性值,如图 3.36 所示。

图 3.36

【注意】

名称:根据图纸输入构件的名称 KL6(7),该名称在当前楼层的当前构件类型下唯一。

结构类别:结构类别会根据构件名称中的字母自动生成,也可根据实际情况进行选择,梁的类别下拉框选项中有 7 种类型,按照实际情况,此处选择"楼层框架梁",如图3.37所示。

跨数量:梁的跨数量,直接输入。没有输入的情况时,提取梁跨后会自动读取。

截面宽度(mm):梁的宽度,KL6(7)的梁宽为300,在此输入300。

图 3.37

截面高度(mm):梁截面高度的尺寸,KL6(7)的梁高为500,在此输入500。

轴线距梁左边线距离:按默认即可。

箍筋:KL6(7)的箍筋信息为 Φ 10@100/200(2)。

肢数:通过单击省略号按钮选择肢数类型,KL6(7)为 2 肢箍。

上部通长筋:根据图纸集中标注,KL6(7)的上部通长筋为 2 Φ 25。

下部通长筋：根据图纸集中标注，KL6(7)无下部通长筋。

侧面构造或受到扭筋(总配筋值)：格式(G 或 N)数量+级别+直径，其中 G 表示构造钢筋，N 表示抗扭钢筋，根据图纸集中标注，KL6(7)有构造钢筋 2 根+三级钢+12 的直径(G2 Φ 12)。

拉筋：当有侧面纵筋时，软件按"计算设置"中的设置自动计算拉筋信息。当构件需要特殊处理时，可根据实际情况输入。

定额类别：可选择有梁板或非有梁板，该工程中框架梁按有梁板进行定额类别的确定。

材质：有自拌混凝土、商品混凝土和预制混凝土 3 种类型，根据工程实际情况选择，该工程选用"商品混凝土"。

混凝土类型：当前构件的混凝土类型，可根据实际情况进行调整。这里的默认取值与楼层设置里的混凝土类型一致。

混凝土强度等级：混凝土的抗压强度。默认取值与楼层设置里的混凝土强度等级一致，根据图纸，框架梁的混凝土强度等级为 C30。

起点顶标高：在绘制梁的过程中，鼠标起点处梁的顶面标高，该 KL6(7)的起点顶标高为层顶标高。

属性列表	图层管理		
	属性名称	属性值	附加
25	□ 钢筋业务属性		
26	其他钢筋		
27	其他箍筋		☐
28	保护层厚…	(20)	☐
29	汇总信息	(梁)	☐
30	抗震等级	(三级抗震)	☐
31	锚固搭接	按默认锚固搭接计算	
32	计算设置	按默认计算设置计算	
33	节点设置	按默认节点设置计算	
34	搭接设置	按默认搭接设置计算	

图 3.38

终点顶标高：在绘制梁的过程中，鼠标终点处梁的顶面标高，该 KL6(7)的起点顶标高为层顶标高。

备注：该属性值只是个标识，对计算不会起任何作用。

钢筋业务属性：如图 3.38 所示。

其他钢筋：除了当前构件中已经输入的钢筋外，还有需要计算的钢筋，则可通过其他钢筋来输入。

其他箍筋：除了当前构件中已经输入的箍筋外，还有需要计算的箍筋，则可通过其他箍筋来输入。

保护层厚度：软件自动读取楼层设置中框架梁的保护层厚度为 20 mm，如果当前构件需要特殊处理，则可根据实际情况进行输入。

（2）非框架梁

非框架梁的属性定义同上面的框架梁，对于非框架梁，在定义时需要在属性的"结构类别"中选择相应的类别，如"非框架梁"，其他属性与框架梁的输入方式一致，如图 3.39 所示。

4）梁的做法套用

梁构件定义好后，需要进行做法套用操作，打开"定义"界面，选择"构件做法"，单击"添加清单"，添加混凝土有梁板清单项 010505001 和有梁板模板清单 011702014；在混凝土有梁板下添加定额 A2-30，在有梁板模板下添加定额 A16-101、A16-125；单击项目特征，根据工程实际情况将项目特征补充完整。

图 3.39

框架梁 KL6 的做法套用如图 3.40 所示。

	编码	类别	名称	项目特征	单位	工程量表达式	表达式说明	单价	综合单价
1	010505001	项	有梁板	1.混凝土种类:商品混凝土 2.混凝土强度等级: C30	m3	TJ	TJ〈体积〉		
2	A2-30	定	现浇混凝土 有梁板		m3	TJ	TJ〈体积〉	4036.25	
3	011702014	项	有梁板	1.模板高度: 3.6m以上	m2	MBMJ	MBMJ〈模板面积〉		
4	A16-101	定	有梁板胶合板模板3.6m以内钢支撑		m2	MBMJ	MBMJ〈模板面积〉	5569.39	
5	A16-125	定	拆支撑高度超过3.6m,每增加1m钢支撑		m2	CGMBMJ	CGMBMJ〈超高模板面积〉	431.26	

图 3.40

非框架梁 L1 的做法套用如图 3.41 所示。

	编码	类别	名称	项目特征	单位	工程量表达式	表达式说明	单价	综合单价
1	010505001	项	有梁板	1.混凝土种类:商品混凝土 2.混凝土强度等级: C30	m3	TJ	TJ〈体积〉		
2	A2-30	定	现浇混凝土 有梁板		m3	TJ	TJ〈体积〉	4036.25	
3	011702014	项	有梁板	1.模板高度: 3.6m以上	m2	MBMJ	MBMJ〈模板面积〉		
4	A16-101	定	有梁板胶合板模板3.6m以内钢支撑		m2	MBMJ	MBMJ〈模板面积〉	5569.39	
5	A16-125	定	拆支撑高度超过3.6m,每增加1m钢支撑		m2	CGMBMJ	CGMBMJ〈超高模板面积〉	431.26	

图 3.41

5）梁画法讲解

梁在绘制时，要先绘制主梁后再绘制次梁。通常，画梁时按先上后下、先左后右的方向来绘制，以保证所有的梁都能够绘制完全。

（1）直线绘制

梁为线状构件，直线形的梁采用"直线"绘制的方法比较简单，如 KL6。在绘图界面，单击"直线"命令，单击梁的起点①轴与Ⓓ轴的交点，单击梁的终点⑧轴与Ⓓ轴的交点即可，如图 3.42 所示。1 号办公楼中 KL2～KL10b、非框架梁 L1 都可采用直线绘制。

图 3.42

图 3.43

（2）弧形绘制

在绘制③～④轴与Ⓐ～⑴ᴬ轴间的 KL1（1）时，先从③轴与Ⓐ轴交点出发，绘制一段 3500 mm 的直线，再切换成"起点圆心终点弧"模式，如图 3.43 所示，捕捉圆心，再捕捉终点，完成 KL1 弧形段的绘制。

弧形段也可采用两点小弧的方法进行绘制，如果能准确确定弧上 3 个点的话，还可采用三点画弧的方式绘制。

（3）梁柱对齐

在绘制 KL6 时，对于Ⓓ轴上①～⑧轴间的 KL6，其中心线不在轴线上，但由于 KL6 与两端框架柱一侧平齐，因此，除了采用"Shift+左键"的方法偏移绘制之外，还可使用"对齐"功能。

①在轴线上绘制 KL6(7)，绘制完成后，选择建模页签下"修改"面板中的"对齐"命令，

如图 3.44 所示。

图 3.44

②根据提示,先选择柱上侧的边线,再选择梁上侧的边线,对齐成功后如图 3.45 所示。

图 3.45

(4)偏移绘制

对于有些梁,如果端点不在轴线的交点或其他捕捉点上,可采用偏移绘制的方法也就是采用"Shift+左键"的方法捕捉轴线以外的点来绘制。例如,绘制 L1,两个端点分别为:Ⓓ轴与④轴交点偏移 X = 2300+200,Y = −3250−150。

Ⓓ轴与⑤轴交点偏移 X = 0,Y = −3250−150。

将鼠标放在Ⓓ轴和④轴的交点处,同时按下"Shift"键和鼠标左键,在弹出的"输入偏移值"对话框中输入相应的数值,单击"确定"按钮,这样就选定了第一个端点。采用同样的方法,确定第二个端点来绘制 L1。

(5)镜像绘制梁图元

①~④轴上布置的 KL7~KL9 与⑤~⑧轴上的 KL7~KL9 是对称的,因此,可采用"镜像"绘制此图元。点选镜像图元,单击右键选择"镜像",单击对称点一,再单击对称点二,在弹出的对话框中选择"否"即可。

6)梁的二次编辑

梁绘制完毕后,只是对梁集中标注的信息进行了输入,还需输入原位标注的信息。由于梁是以柱和墙为支座的,提取梁跨和原位标注之前,需要绘制好所有的支座。图中梁显示为粉色时,表示还没有进行梁跨提取和原位标注的输入,也不能正确地对梁钢筋进行计算。

对于没有原位标注的梁,可通过重提梁跨来把梁的颜色变为绿色,如图 3.46 所示。

对于有原位标注的梁,可通过输入原位标注来把梁的颜色变为绿色。软件中用粉色和绿色对梁进行区别,目的是提醒哪些梁已经进行了原位标注的输入,便于检查,防止出现忘记输入原位标注,影响计算结果的情况。

图 3.46

(1)原位标注

梁的原位标注主要有支座钢筋、跨中筋、下部钢筋、架立钢筋和次梁筋,另外,变截面也需要在原位标注中输入。下面以Ⓑ轴的 KL4 为例,介绍梁的原位标注输入。

①在"梁二次编辑"面板中选择"原位标注"。

②选择要输入原位标注的 KL4,绘图区显示原位标注的输入框,下方显示平法表格。

③对应输入钢筋信息,有两种方式:

一是在绘图区域显示的原位标注输入框中进行输入,比较直观,如图 3.47 所示。

图 3.47

二是在"梁平法表格"中输入,如图 3.48 所示。

图 3.48

绘图区域输入:按照图纸标注中 KL4 的原位标注信息输入;"1 跨左支座筋"输入"5 ⏄22 3/2",按"Enter"键确定;跳到"1 跨跨中筋",此处没有原位标注信息,不用输入,可以直接再次按"Enter"键跳到下一个输入框,或者用鼠标选择下一个需要输入的位置。例如,选择"1 跨右支座筋"输入框,输入"5 ⏄22 3/2",按"Enter"键跳到"下部钢筋",输入"4 ⏄25"。

【注意】

　　输入后按"Enter"键跳转的方式,软件默认的跳转顺序是左支座筋、跨中筋、右支座筋、下部钢筋,然后下一跨的左支座筋、跨中筋、右支座筋、下部钢筋。如果想要自己确定输入的顺序,可用鼠标选择需要输入的位置,每次输入之后,需要按"Enter"键或单击其他方框确定。

【说明】

上面介绍时,采用的是按照不同的原位标注类别逐个讲解的顺序。在实际工程绘制中,可以针对第一跨进行各类原位标注信息的输入,然后再输入下一跨;也可按照不同的钢筋类型,先输入上下部钢筋信息,再输入侧面钢筋信息等。在表格中可以按行逐个输入,也可以按列逐个输入。

另外,梁的原位标注表格中还有每一跨箍筋信息的输入,默认取构件属性的信息如果某些跨存在不同的箍筋信息,就可以在原位标注中对应的跨中输入;存在有加腋筋也在梁平法表格中输入。

采用同样的方法,可对其他位置的梁进行原位标注输入。

(2)重提梁跨

当遇到以下问题时,可使用"重提梁跨"功能:

①原位标注计算梁的钢筋需要重提梁跨,软件在提取了梁跨后才能识别梁的跨数、梁支座并进行计算。

②由于图纸变更或编辑梁支座信息,导致梁支座减少或增加,影响了梁跨数量,使用"重提梁跨"可以重新提取梁跨信息。

重提梁跨的操作步骤如下:

第一步:在"梁二次编辑"分组中选择"重提梁跨",如图 3.49 所示。

图 3.49

第二步:在绘图区域选择梁图元,出现如图 3.50 所示的提示信息,单击"确定"按钮即可。

图 3.50

(3)设置支座

如果存在梁跨数与集中标注中不符的情况,则可使用此功能进行支座的设置工作。操作步骤如下:

第一步:在"梁二次编辑"分组中选择"设置支座",如图 3.51 所示。

图 3.51

第二步:用鼠标左键选择需要设置支座的梁,如 KL3,如图 3.52 所示。

图 3.52

第三步:用鼠标左键选择或框选作为支座的图元,单击鼠标右键确认,如图 3.53 所示。

图 3.53

第四步:当支座设置错误时,还可采用"删除支座"的功能进行删除,如图 3.54 所示。

图 3.54

(4)梁标注的快速复制功能

分析结施-06,可以发现图中存在很多同名的梁(如 KL1,KL2,KL5,KL7,KL8,KL9 等),都在多个地方存在。这时,不需要对每道梁都进行原位标注,直接使用软件提供的几个复制功能,即可快速对梁进行原位标注。

①梁跨数据复制。工程中不同名称的梁,梁跨的原位标注信息相同,或同一道梁不同跨的原位标注信息相同,通过该功能可以将当前选中的梁跨数据复制到目标梁跨上。复制内容主要是钢筋信息。例如 KL3,其③~④轴的原位标注与⑤~⑥轴完全一致,这时可使用梁跨数据复制功能,将③~④轴跨的原位标注复制到⑤~⑥轴中。

第一步:在"梁二次编辑"分组中选择"梁跨数据复制",如图 3.55 所示。

图 3.55

第二步:在绘图区域选择需要复制的梁跨,单击右键结束选择,需要复制的梁跨选中后显示为红色,如图 3.56 所示。

图 3.56

第三步:在绘图区域选择目标梁跨,选中的梁跨显示为黄色,单击鼠标右键完成操作,如图 3.57 所示。

图 3.57

②应用到同名梁。当遇到以下问题时,可使用"应用到同名梁"功能。

如果图纸中存在多个同名称的梁,且原位标注信息完全一致,就可采用"应用到同名梁"功能来快速实现原位标注的输入。如结施-06 中有 4 道 KL5,只需对一道 KL5 进行原位标注,运用"应用到同名梁"功能,实现快速标注。

第一步:在"梁二次编辑"面板中选择"应用到同名梁",如图 3.58 所示。

图 3.58

第二步:选择应用方法,软件提供了 3 种选择,根据实际情况选用即可。包括同名称未提取跨梁、同名称已提取跨梁、所有同名称梁,如图 3.59 所示。单击"查看应用规则",可查看应用同名梁的规则。

图 3.59

同名称未提取跨梁:未识别的梁为浅红色,这些梁没有识别跨长和支座等信息。

同名称已提取跨梁:已识别的梁为绿色,这些梁已经识别了跨长和支座信息,但是原位标注没有输入。

所有同名称梁:不考虑梁是否已经识别。

【注意】

　　未提取梁跨的梁,图元不能捕捉。

第三步:用鼠标左键在绘图区域选择梁图元,单击右键确定,完成操作,则软件弹出应用成功的提示,在此可看到有几道梁应用成功。

（5）梁的吊筋和次梁加筋

在做实际工程时,吊筋和次梁加筋的布置方式一般都是在"结构设计总说明"中集中说明的,此时需要批量布置吊筋和次梁加筋。

《1 号办公楼施工图(含土建和安装)》在"结构设计总说明"中的钢筋混凝土梁第三条表示次梁吊筋在梁配筋图中表示。在结施-05~08 的说明中也对次梁加筋进行了说明。

而首层梁配筋图,并没有吊筋。按照"结构设计总说明"中的钢筋混凝土梁第 3 款,说明了在主次梁相交处,均在次梁两侧各设 3 组箍筋,且注明了箍筋肢数、直径同梁箍筋,间距为 50 mm,所以需设置次梁加筋。

①选择工程设置下,"钢筋设置"中的"计算设置",如图 3.60 所示。

图 3.60

②在"计算设置"的"框架梁"部分第二十六条:次梁两侧共增加箍筋数量,根据设计说明,两侧各设 3 组,共 6 组,则在此输入"6"即可,如图 3.61 所示。

	类型名称	设置值
16	下部通长筋遇支座做法	遇支座连续通过
17	下部纵筋遇加腋做法	锚入加腋
18	⊟ 侧面钢筋/吊筋	
19	侧面构造筋的锚固长度	15*d
20	侧面构造筋的搭接长度	15*d
21	梁侧面原位标注筋做法	遇支座断开
22	侧面通长筋遇支座做法	遇支座连续通过
23	吊筋锚固长度	20*d
24	吊筋弯折角度	按规范计算
25	⊟ 箍筋/拉筋	
26	次梁两侧共增加箍筋数量	6
27	起始箍筋距支座边的距离	50
28	抗震KL、WKL端支座为梁时,则在该支座一侧箍筋加密	否
29	框架梁箍筋加密长度	按规范计算
30	框架扁梁箍筋加密长度	max(b+hb,lae,C)
31	框支梁箍筋加密长度	max(0.2*Ln,1.5*hb)
32	框架梁箍筋、拉筋加密区根数计算方式	向上取整+1
33	框架梁箍筋、拉筋非加密区根数计算方式	向上取整-1
34	箍筋弯勾角度	135°
35	加腋梁箍筋加密起始位置	加腋端部
36	拉筋配置	按规范计算
37	⊟ 悬挑端	
38	悬挑跨上部第一排纵筋伸至悬挑跨端部的弯折长度	12*d
39	悬挑跨上部第二排钢筋伸入跨内的长度	0.75*L
40	悬挑跨下部钢筋锚入支座的长度	按规范计算
41	悬挑端第二排钢筋按弯起钢筋计算	是

输入格式:具体整数或数量 + 级别 + 直径（肢数）,肢数为空默认与箍筋肢数相同。

导入规则 导出规则 恢复默认值

图 3.61

【说明】

①如果工程中有吊筋,则在"梁二次编辑"中单击"生成吊筋",如图3.62所示。次梁加筋也可以通过该功能实现。

图3.62

②在弹出的"生成吊筋"对话框中,根据图纸输入次梁加筋的钢筋信息,如图3.63所示。

图3.63

③设置完成后,单击"确定"按钮,然后在图中选择要生成次梁加筋的主梁和次梁,单击右键确定,即可完成吊筋的生成。

【注意】

①必须进行提取梁跨后,才能使用此功能自动生成;运用此功能同样可以整楼生成。

②楼梯连接梁与框架梁KL6和L1相交处,二层梯柱与首层KL6相交处均有次梁加筋。

四、任务结果

1)查看钢筋工程量计算结果

前面部分没有涉及构件图元钢筋计算结果的查看,主要是因为竖向构件在上下层没有绘制时,无法正确计算搭接和锚固,对于梁这类水平构件,本层相关图元绘制完毕,就可以正确地计算筋量,并查看计算结果。

首先,选择"工程量"选项卡下的"汇总计算",选择要计算的层进行钢量的计算,然后就可以选择已经计算过的构件进行计算结果的查看。

①通过"编辑钢筋"查看每根钢筋的详细信息:选择"钢筋计算结果"面板下的"编辑钢筋",下面仍以KL4为例进行说明。

钢筋显示顺序为按跨逐个显示，如图 3.64 所示的第一的计算结果中，"筋号"对应到具体钢筋；"图号"是软件对每一种钢筋形状的编号。"计算公式"和"公式描述"是对每根钢筋的计算过程进行的描述，方便查量和对量；"搭接"是指单根钢筋超过定尺长度之后所需的接长度和接头个数。

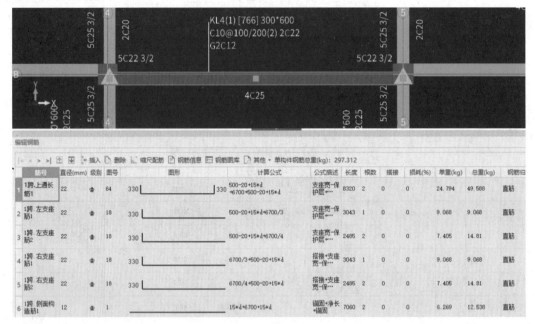

图 3.64

"编辑钢筋"中的数据还可以进行编辑，可根据需要对钢筋的信息进行修改，然后锁定该构件。

②通过"查看钢筋量"来查看计算结果：选择钢筋量菜单下的"查看钢筋量"，或者在工具条中选择"查看钢筋量"命令，拉框选择或者点选需要查看的图元。软件可以一次性显示多个图元的计算结果，如图 3.65 所示。

图中显示构件的钢筋量，可按不同的钢筋类别和直径列出，并可对选择的多个图元的钢筋量进行合计。

首层所有梁的钢筋工程量统计可单击"查看报表"，见表 3.15（见报表中《楼层构件统计校对表》）。

查看钢筋量

钢筋总质量(kg): 297.312

楼层名称	构件名称	钢筋总质量(kg)	HPB300		HRB400				
			6	合计	10	12	22	25	合计
首层	KL4(1)[766]	297.312	2.034	2.034	51.876	12.538	97.344	133.52	295.278
	合计:	297.312	2.034	2.034	51.876	12.538	97.344	133.52	295.278

图 3.65

表 3.15　梁

楼层名称	构建数量	构件名称	钢筋总质量(kg)	HPB300		HRB400								
				6	合计	8	10	12	14	16	20	22	25	合计
梁	2	KL1(1)	354.456	1.8	1.8		41.748			25.825			285.083	352.656
	1	KL10(3)	660.98	3.842	3.842		112.005	24.402			15.216		505.515	657.138
	1	KL10a(3)	348.277	2.26	2.26		66.024	14.314			27.17		238.509	346.017
	1	KL10b(1)	137.64	1.017	1.017		29.475	5.968					101.18	136.623
	2	KL2(2)	393.603	2.599	2.599		60.192	16.268			21.34		293.204	391.004
	1	KL3(3)	644.294	4.8	4.8		104.37	34.526				359.218	141.38	639.494
	1	KL4(1)	297.312	2.034	2.034		51.876	12.538				97.344	133.52	295.278
	4	KL5(3)	697.137	4.294	4.294		97.152	27.244			21.34		547.107	692.843
	1	KL6(7)	1683.812	10.622	10.622		264.729	67.844			42.68		1297.937	1673.19
	2	KL7(3)	673.998	4.52	4.52		102.432	28.842			15.216	194.872	328.116	669.478
	2	KL8(1)	388.63	2.034	2.034		51.876	12.538					322.182	386.596
	2	KL8(1)	374.846	1.921	1.921		49.518	12.006			15.216		311.401	372.925
	2	KL9(3)	839.582	4.52	4.52		126.153	15.736	18.48		15.216		659.477	835.062
	1	L1(1)	132.611	1.469	1.469	16.656		8.72				105.766		131.142
	1	TL-1	21.112			3.479			5.864	11.769				21.112
	1	TL-1	39.597			7.952			10.6	21.045				39.597
	1	TL-1	37.23			8.449			9.632	19.149				37.23
	1	TL-1	38.662			8.449			10.116	20.097				38.662
		合计	12880.305	78.008	78.008	44.985	1880.925	448.068	73.172	123.71	273.97	952.072	9005.395	12802.297

2)查看土建工程量计算结果

①参照 KL1 属性的定义方法,将剩余框架梁按图纸要求定义。

②用直线、三点画弧、对齐、镜像等方法将 KL1~KL10b,以及非框架梁 L1 按图纸要求绘制。绘制完成后,如图 3.66 所示。

图 3.66

③汇总计算,首层梁清单、定额工程量,见表 3.16。

表 3.16 首层梁清单、定额工程量

编码	项目名称	单位	工程量明细	
			绘图输入	表格输入
010503002001	矩形梁 [项目特征] (1)混凝土种类:商品混凝土 (2)混凝土强度等级:C30	m³	0.8794	
A2-17	现浇混凝土 矩形梁	10 m³	0.08794	
010505001002	有梁板 [项目特征] (1)混凝土种类:商品混凝土 (2)混凝土强度等级:C30 (3)弧形梁	m³	1.6824	
A2-21	现浇混凝土 弧形、拱形梁	10 m³	0.16824	
010505001003	有梁板 [项目特征] (1)混凝土种类:商品混凝土 (2)混凝土强度等级:C30	m³	38.8987	
A2-30	现浇混凝土 有梁板	10 m³	3.8987	

编码	项目名称	单位	工程量明细	
			绘图输入	表格输入
011702006001	矩形梁 模板高度:3.6 m 以内	m²	10.7226	
A16-68	矩形梁 胶合板模板 3.6 m 以内钢支撑	100 m²	0.107226	
011702014002	有梁板(弧形梁) 模板高度:3.6 m 以外	m²	16.8254	
A16-76	弧形梁 木模板 3.6 m 以内钢支撑	100 m²	0.168254	
A16-80	梁支撑 高度超过 8 m,每增加 1 m 钢支撑	100 m²	0.080762	
011702014003	有梁板 模板高度:3.6 m 以外	m²	333.42	
A16-101	有梁板胶合板模板 3.6 m 以内钢支撑	100 m²	3.3342	
A16-125	板支撑高度超过 3.6 m,每增加 1 m 钢支撑	100 m²	1.4463	

五、总结拓展

①梁的原位标注和平法表格的区别:选择"原位标注"时,可以在绘图区梁图元的位置输入原位标注的钢筋信息,也可以在下方显示的表格中输入原位标注信息;选择"梁平法表格"时只显示下方的表格,不显示绘图区的输入框。

②捕捉点的设置:绘图时,无论是利用点画、直线还是其他的绘制方式,都需要捕捉绘图区的点,以确定点的位置和线的端点。该软件提供了多种类型点的捕捉,可以在状态栏设置捕捉,绘图时可以在"捕捉工具栏"中直接选择要捕捉的点类型,方便绘制图元时选取点,如图 3.67 所示。

图 3.67

③设置悬挑梁的弯起钢筋:当工程中存在悬挑梁并且需要计算弯起钢筋时,在软件中可以快速地进行设置及计算。首先,进入"计算设置"→"节点设置"→"框架梁",在第 29 项设置悬挑梁钢筋图号,软件默认是 2 号图号,可以单击按钮选择其他图号(软件提供了 6 种图号供选择),节点示意图中的数值可进行修改。

④计算设置的修改范围是全部悬挑梁,如果修改单根悬挑梁,应选中单根梁,在平法表格"悬臂钢筋代号"中修改。

问 题思考

(1)梁属于线性构件,可否使用矩形绘制?如果可以,哪些情况适合用矩形绘制?

(2)智能布置梁后,若位置与图纸位置不一样,怎样调整?

(3)如何绘制弧形梁?

3.4 首层板工程量计算

通过本节的学习,你将能够:

(1)依据定额和清单分析现浇板的工程量计算规则;

(2)分析图纸,进行正确的识图,读取板的土建及钢筋信息;

(3)定义现浇板、板受力筋、板负筋及分布筋的属性;

(4)绘制首层现浇板、板受力筋、板负筋及分布筋;

(5)统计板的土建及钢筋工程量。

一、任务说明

①完成首层板的定义、做法套用及图元绘制。

②汇总计算,统计本层板的土建及钢筋工程量。

二、任务分析

①首层板在计量时的主要尺寸有哪些? 从哪个图中的什么位置能够找到? 有多少种板?

②板的钢筋类别有哪些,如何进行定义和绘制?

③板是如何套用清单定额的?

④板的绘制方法有哪几种?

⑤各种不同名称的板如何能快速套用做法?

三、任务实施

1)分析图纸

根据结施-10"一(三)层顶板配筋图"来定义及绘制板和板的钢筋。进行板的图纸分析时,应注意以下几个要点:

①本页图纸说明、厚度说明、配筋说明。

②板的标高。

③板的分类,相同的板的位置。

④板的特殊形状。

⑤受力筋、板负筋的类型,跨板受力筋的位置和钢筋布置。

分析结施-09~12,可从中得到板的相关信息,包括地下室至4层的楼板,主要信息见表3.17。

表 3.17　板表

序号	类型	名称	混凝土强度等级	板厚 $h(\text{mm})$	板顶标高	备注
1	普通楼板	LB-120	C30	120	层顶标高	
		LB-130	C30	130	层顶标高	
		LB-140	C30	140	层顶标高	
		LB-160	C30	160	层顶标高	
2	平台板	平台板 100	C30	100	层顶标高 -0.1	

　　根据结施-10,详细查看首层板及板配筋信息。在软件中,完整的板构件由现浇板、板筋 (包含受力筋及负筋)组成,因此,板构件的钢筋计算包括以下两个部分:板定义中的钢筋和 绘制的板筋(包括受力筋和负筋)。

　　2)现浇板定额、清单计算规则学习

　　(1)清单计算规则学习

　　板清单计算规则见表 3.18。

表 3.18　板清单计算规则

编号	项目名称	单位	计算规则
010505001	有梁板	m^3	按设计图示尺寸以体积计算,有梁板(包括主梁、次梁与板)按梁、板体积之和计算
011702014	有梁板 模板	m^2	按模板与现浇混凝土构件的接触面积计算

　　(2)定额计算规则学习

　　板定额计算规则见表 3.19。

表 3.19　板定额计算规则

编号	项目名称	单位	计算规则
A2-30	现浇混凝土 有梁板	100 m^3	按设计图示尺寸以体积计算,不扣除单个面积 0.3 m^2 以内的柱、垛及孔洞所占体积 有梁板是指梁(包括主、次梁)与板构成一体,其工程量按梁、板的体积总和计算,与柱头重合部分体积应扣除
A16-101	有梁板胶合板模板 3.6 m 以内钢支撑	100 m^2	按模板与现浇混凝土构件的接触面积计算
A16-125	板支撑高度超过 3.6 m,每增加 1 m 钢支撑	100 m^2	模板支撑高度大于 3.6 m 时,按超过部分全部面积计算工程量

3)板的属性定义和绘制

(1)板的属性定义

在导航树中选择"板"→"现浇板",在"构件列表"中选择"新建"→"新建现浇板"。下面以ⓒ~ⓓ轴、②~③轴所围的LB-160为例,新建现浇板LB-160,根据LB-160图纸中的尺寸标注,在属性列表中输入相应的属性值,如图3.68所示。

	属性名称	属性值	附加
1	名称	160mm现浇板	
2	厚度(mm)	160	☐
3	类别	有梁板	☐
4	是否是楼板	是	☐
5	材质	商品混凝土	☐
6	混凝土类型	(特细砂塑性混凝...	☐
7	混凝土强度等级	(C30)	☐
8	混凝土外加剂	(无)	
9	泵送类型	(混凝土泵)	
10	泵送高度(m)		
11	顶标高(m)	层顶标高	☐
12	备注		☐
13	⊞ 钢筋业务属性		
24	⊞ 土建业务属性		
30	⊞ 显示样式		

图 3.68

【说明】

①名称:根据图纸输入构件的名称,该名称在当前楼层的当前构件类型下唯一。

②厚度(mm):现浇板的厚度。

③类别:选项为有梁板、无梁板、平板、拱板等。

④是否是楼板:主要与计算超高模板、超高体积起点判断有关,若是,则表示构件可以向下找到该构件作为超高计算的判断依据;若否,则超高计算判断与该板无关。

⑤材质:不同地区计算规则对应的材质有所不同。

其中钢筋业务属性,如图3.69所示。

13	⊟ 钢筋业务属性		
14	其他钢筋		
15	保护层厚...	(15)	☐
16	汇总信息	(现浇板)	☐
17	马凳筋参...		
18	马凳筋信息		☐
19	线形马凳...	平行横向受力筋	☐
20	拉筋		☐
21	马凳筋数量	向上取整+1	☐
22	拉筋数量	向上取整+1	☐
23	归类名称	(B-h160)	☐

图 3.69

【说明】

①保护层厚度:软件自动读取楼层设置中的保护层厚度,如果当前构件需要特殊处理,则可根据实际情况进行输入。

②马凳筋参数图:可编辑马凳筋设置,选择马凳筋图形,填写长度、马凳筋信息,参见"帮助文档"中《GTJ2018 钢筋输入格式详解》"五、板"的"01 现浇板"。

③马凳筋信息:参见《GTJ2018 钢筋输入格式详解》中"五、板"的"01 现浇板"。

④线形马凳筋方向:对Ⅱ型、Ⅲ型马凳筋起作用,设置马凳筋的布置方向。

⑤拉筋:板厚方向布置拉筋时,输入拉筋信息,输入格式:级别+直径+间距×间距或者数量+级别+直径。

⑥马凳筋数量计算方式:设置马凳筋根数的计算方式,默认取"计算设置"中设置的计算方式。

⑦拉筋数量计算方式:设置拉筋根数的计算方式,默认取"计算设置"中设置的计算方式。

其中土建业务属性如图 3.70 所示。

图 3.70

【说明】

①计算设置:用户可自行设置构件土建计算信息,软件将按设置的计算方法计算。

②计算规则:软件内置全国各地清单及定额计算规则,同时用户可自行设置构件土建计算规则,软件将按设置的计算规则计算。

(2)板的做法套用

板构件定义好后,需要进行做法套用操作,打开"定义"界面,选择"构件做法",单击"添加清单",添加混凝土有梁板清单项 010505001 和有梁板模板清单 011702014;在有梁板混凝土下添加定额 A2-30,在有梁板模板下添加定额 A16-101,A16-125;单击"项目特征",根据工程实际情况将项目特征补充完整。

LB-160 的做法套用如图 3.71 所示。

图 3.71

4)板画法讲解

(1)点画绘制板

仍以 LB-160 为例,定义好楼板属性后,单击"点"命令,在 LB-160 区域单击鼠标左键,即可布置 LB-160,如图 3.72 所示。

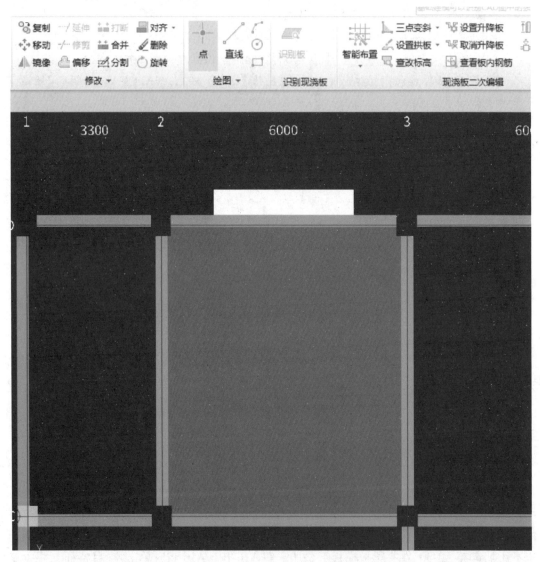

图 3.72

(2)直线绘制板

仍以 LB-160 为例,定义好 160 mm 厚楼板 LB-160 后,单击"直线"命令,用左键单击 LB-160 边界区域的交点,围成一个封闭区域,即可布置 LB-160。

(3)自动生成板

当板下的梁、墙绘制完毕,且图中板类别较少时,可使用自动生成板,软件会自动根据图中梁和墙围成的封闭区域来生成整层的板。自动生成完毕后,需要检查图纸,将与图中板信息不符的修改过来,对图中没有板的地方进行删除。

5) 板受力筋的属性定义和绘制

（1）板受力筋的属性定义

在导航树中选择"板"→"板受力筋"，在"构件列表"中选择"新建"→"新建板受力筋"，以ⓒ~ⓓ轴、②~③轴上的板受力筋 SLJ-Φ10@150 为例，新建板受力筋 SLJ-Φ10@150，根据 SLJ-Φ10@150 在图纸中的布置信息，在"属性编辑框"中输入相应的属性值，如图 3.73 所示。

	属性名称	属性值	附加
	属性列表 图层管理		
1	名称	SLJ-Φ10@150	
2	类别	底筋	☐
3	钢筋信息	Φ10@150	☐
4	左弯折(mm)	(0)	☐
5	右弯折(mm)	(0)	☐
6	备注		☐
7	⊟ 钢筋业务属性		
8	钢筋锚固	(35)	
9	钢筋搭接	(42)	
10	归类名称	(SLJ-Φ10@150)	☐
11	汇总信息	(板受力筋)	☐
12	计算设置	按默认计算设置计算	
13	节点设置	按默认节点设置计算	
14	搭接设置	按默认搭接设置计算	
15	长度调整(...		☐
16	⊞ 显示样式		

图 3.73

【说明】

①名称：结施图中没有定义受力筋的名称，用户可根据实际情况输入较容易辨认的名称，这里按钢筋信息输入"Φ10@150"。

②类别：在软件中可以选择底筋、面筋、中间层筋和温度筋，根据图纸信息，进行正确选择，在此为底筋，也可以不选择，在后面绘制受力筋可重新设置钢筋类别。

③钢筋信息：按照图中钢筋信息输入"Φ10@150"。

④左弯折和右弯折：按照实际情况输入受力筋的端部弯折长度。软件默认为"0"，表示按照计算设置中默认的"板厚-2 倍保护层厚度"来计算弯折长度。此处会关系钢筋计算结果，如果图纸中没有页数说明，不需要修改。

⑤钢筋锚固和搭接：取楼层设置中设定的垂直，可根据实际图纸情况进行修改。

（2）板受力筋的绘制

在导航树中选择"板受力筋"，单击"建模"，在"板受力筋二次编辑"中单击"布置受力筋"，如图3.74 所示。

图 3.74

　　布置板的受力筋,按照布置范围有"单板""多板""自定义"和"按受力筋范围"布置;按照钢筋方向有"XY 方向""水平"和"垂直"布置,还有"两点""平行边""弧线边布置放射筋"以及"圆心布置放射筋",如图 3.75 所示。

图 3.75

　　以©～①轴与②～③轴的 LB-160 受力筋布置为例,由施工图可知,LB-160 的板受力筋只有底筋,底筋各个方向的钢筋信息一致,都是Φ10@ 150,这里采用"双向布置"。

　　①选择"单板"→"双向布置",选择板 LB-160,弹出如图 3.76 所示的对话框。

图 3.76

【说明】

　　①双向布置:适用于某种钢筋类别在两个方向上布置的信息是相同的情况。

　　②双网双向布置:适用于底筋与面筋在 X 和 Y 两个方向上钢筋信息全部相同的情况。

　　③XY 向布置:适用于底筋的 X、Y 方向信息不同,面筋的 X、Y 方向信息不同的情况。

　　④选择参照轴网:可以选择以那个轴网的水平和竖直方向为基准进行布置,不勾选时,以绘图区水平方向为 X 方向、竖直方向为 Y 方向。

　　②由于 LB-160 的板受力筋只有底筋,而且在两个方向上的布置信息是相同的,因此选择"双向布置",在"钢筋信息"中选择相应的受力筋名称 SLJ-Φ10@ 150,单击"确定"按钮,即可布置单板的受力筋,如图 3.77 所示。

　　双向布置:在不同类别钢筋配筋不同时使用,如果底筋与面筋配筋不同,但见底筋或面筋的 X、Y 方向配筋相同时可使用。

　　X、Y 向布筋:当底筋或面筋的 X、Y 方向配筋都不相同时,可分开设置 X、Y 向的钢筋。

　　再以Ⓒ~Ⓓ轴与⑤~⑥轴的 LB-160 的受力筋布置为例,该位置的 LB-160 只有底筋,板受力筋 X、Y 方向的底筋布置类型不相同,则可采用"XY 向布置",如图 3.78 所示。

图 3.77　　　　　　　　　　　　　　　　　　图 3.78

　　Ⓒ~Ⓓ轴与⑤~⑥轴的 LB-160 板受力筋布置图(详见结施-10),如图 3.79 所示;受力筋布置完成后如图 3.80 所示。

图 3.79　　　　　　　　　　　　　　　　　　图 3.80

(3)应用同名板

　　由于 LB-160 的钢筋信息,除了Ⓒ~Ⓓ轴与⑤~⑥轴的 LB-160 上的板受力筋配筋不同外,剩余都是相同的,下面使用"应用同名板"来布置其他同名板的钢筋。

　　①选择"建模"→"应用同名板"命令,如图 3.81 所示。

　　②选择已经布置上钢筋的Ⓒ~Ⓓ轴与②~③轴的 LB-160 图元,单击鼠标右键确定,则其他同名称的板都布置上了相同的钢筋信息。同时,Ⓒ~Ⓓ轴与⑤~⑥

图 3.81

轴的 LB-160 也会布置同样的板受力筋,将其对应图纸进行正确修改即可。

对于其他板的钢筋,可采用相应的布置方式进行布置。

6)跨板受力筋的定义与绘制

下面以结施-10 中的Ⓑ~Ⓒ轴、②~③轴的楼板的跨板受力筋Φ12@200 为例,介绍跨板受力筋的定义和绘制。

(1)跨板受力筋的定义

在导航树中选择"受力筋",在受力筋的"构件列表"中,单击"新建"按钮,选择"新建跨板受力筋",将弹出如图 3.82 所示的新建跨板受力筋界面。

左标注和右标注:左右两边伸出支座的长度,根据图纸中的标注进行输入。

马凳筋排数:根据实际情况输入。

标注长度位置:可选择支座中心线、支座内边线和支座外边线,如图 3.83 所示。根据图纸中标注的实际情况进行选择。此工程选择"支座外边线"。

	属性名称	属性值	附加
1	名称	KBSLJ-Φ10@200	☐
2	类别	面筋	☐
3	钢筋信息	Φ10@200	☐
4	左标注(mm)	800	☐
5	右标注(mm)	800	☐
6	马凳筋排数	1/1	☐
7	标注长度位置	(支座外边线)	☐
8	左弯折(mm)	(0)	☐
9	右弯折(mm)	(0)	☐
10	分布钢筋	(Φ8@200)	☐
11	备注		☐

图 3.82

7	标注长度位置	(支座中心线)
8	左弯折(mm)	支座内边线
9	右弯折(mm)	支座轴线
10	分布钢筋	支座中心线
11	备注	支座外边线
12	⊞ 钢筋业务属性	

图 3.83

分布钢筋:结构说明中的结施-01(2)中,板厚小于 110 mm 时,分布钢筋直径、间距为Φ6@200,板厚 120~160 mm 时,分布钢筋直径、间距为Φ8@200。因此,此处输入Φ8@200。

也可以在计算设置中对相应的项进行输入,这样就不用针对每一个钢筋构件进行输入了。具体参考"2.2 计算设置"中钢筋设置的部分内容。

(2)跨板受力筋的绘制

对于该位置的跨板受力筋,可采用"单板"和"垂直"布置的方式来绘制,选择"单板",再选择"垂直",单击Ⓑ~Ⓒ轴、②~③轴的楼板,即可布置垂直方向的跨板受力筋。其他位置的跨板受力筋采用同样的方式布置。

7)负筋的属性定义与绘制

下面以结施-10 上的 8 号负筋为例,介绍负筋的定义和绘制,如图 3.84 所示。

(1)负筋的定义

在导航树中,单击"板"→"板负筋",在"构件列表"中单击"新建"→"新建板负筋"FJ-Φ10@200。在"属性列表"中定义板负筋属性,如图 3.85 所示。

左标注和右标注:8 号负筋只有一侧标注,左标注输入"1500",右标注输入"0"。

图 3.84

单边标注位置:根据图中实际情况,选择"支座内边线"。

对②~③轴 LB-160 在②轴上的 10 号负筋⊕12@200 的属性定义,如图 3.86 所示。

	属性名称	属性值	附加
1	名称	FJ-⊕10@200	
2	钢筋信息	⊕10@200	☐
3	左标注(mm)	1500	☐
4	右标注(mm)	0	☐
5	马凳筋排数	1/1	☐
6	单边标注位置	(支座内边线)	☐
7	左弯折(mm)	(0)	☐
8	右弯折(mm)	(0)	☐
9	分布钢筋	(⊕8@200)	☐
10	备注		☐
11	⊞ 钢筋业务属性		
19	⊞ 显示样式		

图 3.85

	属性名称	属性值	附加
1	名称	FJ-⊕12@200	
2	钢筋信息	⊕12@200	☐
3	左标注(mm)	1500	☐
4	右标注(mm)	1500	☐
5	马凳筋排数	1/1	☐
6	非单边标注含...	(是)	☐
7	左弯折(mm)	(0)	☐
8	右弯折(mm)	(0)	☐
9	分布钢筋	(⊕8@200)	☐
10	备注		☐
11	⊞ 钢筋业务属性		
19	⊞ 显示样式		

图 3.86

对于左右均有标注的负筋,有"非单边标注含支座宽"的属性,指左右标注的尺寸是否含支座宽度,这里根据实际图纸情况选择"否",其他内容与 8 号负筋输入方式一致。按照同样的方式定义其他负筋。

(2)负筋的绘制

负筋定义完毕后,回到绘图区,对②~③轴、Ⓒ~Ⓓ轴之间的 LB-160 进行负筋的布置。

①对于上侧 8 号负筋,单击"板负筋二次编辑"面板上的"布置负筋",选项栏则会出现布置方式,有按梁布置、按圈梁布置、按连梁布置、按墙布置、按板边布置及画线布置,如图 3.87 所示。

图 3.87

先选择"按梁布置",再选择梁,按提示栏的提示单击梁,鼠标移动到梁图元上,则梁图元显示一道蓝线,同时显示出负筋的预览图,下侧确定方向,即可布置成功。

②对于②轴上的 10 号负筋,选择"按梁布置",再选择梁段,鼠标移动到梁图元上,则梁图元显示一道蓝线,同时显示出负筋的预览图,确定方向,即可布置成功。

本工程中的负筋都可按梁或按板边布置,也可选择画线布置。

四、任务结果

1)板构件的任务结果

①根据上述普通楼板 LB-160 的定义方法,将本层剩下的楼板定义好。

②用点画、直线、矩形等法将首层板绘制好,绘制完成后如图 3.88 所示。

图 3.88

③汇总计算,首层板清单、定额工程量,见表 3.20。

表 3.20　首层板清单、定额工程量

编码	项目名称	单位	工程量明细	
			绘图输入	表格输入
010505001001	有梁板 [项目特征] (1)混凝土种类:商品混凝土 (2)混凝土强度等级:C30	m^3	71.2239	
A2-30	现浇混凝土 有梁板	$10\ m^3$	7.14575	
011702014001	有梁板 模板高度:3.6 m 以外	m^2	500.0598	
A16-101	有梁板 胶合板 模板 3.6 m 以内钢支撑	$100\ m^2$	5.000598	
A16-125	板支撑高度超过 3.6 m,每增加 1 m 钢支撑	$100\ m^2$	5.000598	

2)首层板钢筋量汇总表

首层板钢筋量汇总表,见表3.21(报表预览——构件汇总信息分类统计表)。

表 3.21 首层板钢筋工程量

汇总信息	HPB300		HRB400				
	8	合计(t)	7	8	10	12	合计(t)
板负筋	0.096	0.096		0.082	0.397	1.092	1.571
板受力筋	0.116	0.116		0.211	3.846	1.15	5.207
现浇板							
合计(t)	0.212	0.212		0.293	4.243	2.242	6.778

五、总结拓展

①当板顶标高与层顶标高不一致时,在绘制板后可以通过单独调整这块板的属性来调整标高。

②④轴与⑤轴之间,左边与右边的板可以通过镜像绘制,绘制方法与柱镜像绘制方法相同。

③板属于面式构件,绘制方法和其他面式构件相似。

④在绘制跨板受力筋或负筋时,若左右标注和图纸标注正好相反,进行调整时,可以使用"交换标注"功能。

问题思考

(1)用点画法绘制板需要注意哪些事项?对绘制区域有什么要求?

(2)当板为有梁板时,板与梁相交时的扣减原则是什么?

3.5 首层砌体结构工程量计算

通过本节的学习,你将能够:

(1)依据定额和清单分析砌体墙的工程量计算规则;

(2)运用点加长度绘制墙图元;

(3)统计本层砌体墙的阶段性工程量;

(4)正确计算砌体加筋属性工程量。

一、任务说明

①完成首层砌体墙的属性定义、做法套用及图元绘制。

②汇总计算,统计本层砌体墙的工程量。

二、任务分析

①首层砌体墙在计量时的主要尺寸有哪些?从哪个图中的什么位置找到?有多少种类的墙?

②砌体墙不在轴线上如何使用点加长度绘制?

③砌体墙中清单计算的厚度与定额计算的厚度不一致时该如何处理?墙的清单项目特征描述是如何影响定额匹配的?

④虚墙的作用是什么?如何绘制?

三、任务实施

1)分析图纸

分析建施-01、建施-04、建施-09、结施-01(2)可以得到砌体墙的基本信息,见表3.22。

表 3.22　砌体墙

序号	类型	砌筑砂浆	材质	墙厚 (mm)	标高	备注
1	外墙	干混砌筑砂浆 DM M10	加气混凝土砌块	250	−0.05～+3.85	梁下墙
2	内墙	干混砌筑砂浆 DM M10	加气混凝土砌块	200	−0.05～+3.85	梁下墙

2)砌块墙清单、定额计算规则学习

(1)清单计算规则

砌块墙清单计算规则,见表3.23。

表 3.23　砌块墙清单计算规则

编号	项目名称	单位	计算规则
010402001	砌块墙	m³	按设计图示尺寸以体积计算

(2)定额计算规则

砌块墙定额计算规则,见表3.24。

表 3.24　砌块墙定额计算规则

编号	项目名称	单位	计算规则
A1-32	蒸压加气混凝土砌块墙 墙厚>150 mm 砂浆	m³	按设计图示尺寸以砌体墙外形体积计算

3) 砌块墙属性定义

新建砌块墙的方法参见新建剪力墙的方法,这里只是简单地介绍新建砌块墙需要注意的事项。

内/外墙标志:外墙和内墙要区别定义,除了对自身工程量有影响外,还影响其他构件的智能布置。这里可以根据工程实际需要对标高进行定义,如图3.89和图3.90所示。本工程是按照软件默认的高度进行设置的,软件会根据定额的计算规则对砌块墙和混凝土相交的地方进行自动处理。

	属性名称	属性值	附加
1	名称	QTQ-1	
2	厚度(mm)	200	☐
3	轴线距左墙皮…	(100)	☐
4	砌体通长筋		☐
5	横向短筋		☐
6	材质	加气混凝土砌块	☐
7	砂浆类型	(混合砂浆)	☐
8	砂浆标号	(M5)	☐
9	内/外墙标志	(内墙)	☑
10	类别	砌体墙	☐
11	起点顶标高(m)	层顶标高	☐
12	终点顶标高(m)	层顶标高	☐
13	起点底标高(m)	层底标高	☐
14	终点底标高(m)	层底标高	☐
15	备注		☐
16	⊞ 钢筋业务属性		
22	⊞ 土建业务属性		
28	⊞ 显示样式		

图3.89

	属性名称	属性值	附加
1	名称	QTQ-2	
2	厚度(mm)	250	☐
3	轴线距左墙皮…	(125)	☐
4	砌体通长筋		☐
5	横向短筋		☐
6	材质	加气混凝土砌块	☐
7	砂浆类型	(混合砂浆)	☐
8	砂浆标号	(M5)	☐
9	内/外墙标志	(外墙)	☑
10	类别	砌体墙	☐
11	起点顶标高(m)	层顶标高	☐
12	终点顶标高(m)	层顶标高	☐
13	起点底标高(m)	层底标高	☐
14	终点底标高(m)	层底标高	☐
15	备注		☐
16	⊞ 钢筋业务属性		
22	⊞ 土建业务属性		
28	⊞ 显示样式		

图3.90

4) 做法套用

砌块墙做法套用,如图3.91所示。

	编码	类别	名称	项目特征	单位	工程量表达式	表达式说明	单价	综合单价	措施项目
1	⊟ 010402001005	项	砌块墙	1.砌块品种、规格、强度等级:200厚加气混凝土砌块 2.墙体类型:内墙 3.砂浆强度等级:干混砌筑砂浆DM M10 4.墙体高度:3.6m以内	m3	TJ	TJ<体积>			☐
2	A1-32	定	蒸压加气混凝土砌块墙 墙厚>150mm 砂浆		m3	TJ	TJ<体积>	3761.16		☐

图3.91

5) 画法讲解

(1)直线

直线画法跟构件画法类似,可参照构件绘制进行操作。

(2)点加长度

在③轴与Ⓐ轴相交处到②轴与Ⓐ轴相交处的墙体,向左延伸了1400 mm(中心线距离),墙体总长度为6000 mm+1400 mm,单击"直线",再选择"点加长度",在绘图区域单击起点③轴与Ⓐ轴相交,然后向左找到②轴与Ⓐ轴的相交点,即可实现该段墙体延伸部分的绘制。使用"对齐"命令,将墙体与柱对齐即可,如图 3.92 所示。

图 3.92

(3)偏移绘制

用"Shift+左键"可绘制偏移位置的墙体。在直线绘制墙体的状态下,按住"Shift"键的同时单击②轴和Ⓐ轴的相交点,弹出"输入偏移量"对话框,在"X="的地方输入"−1400",单击"确定"按钮,然后向着Ⓐ轴的方向绘制墙体。

按照"直线"的画法,将其他相似位置的砌体墙绘制好。

四、任务结果

汇总计算,首层砌块墙清单、定额工程量,见表 3.25。

表 3.25　首层砌块墙清单、定额工程量

编码	项目名称	单位	工程量明细	
			绘图输入	表格输入
010402001001	砌块墙 [项目特征] (1)砖品种、规格、强度等级:200 mm 厚加气混凝土砌块 (2)墙体类型:内墙 (3)砂浆强度等级、配合比:干混砌筑砂浆 DM M10 (4)砌筑高度:3.6 m 以内	m³	94.4732	
A1-32	蒸压加气混凝土砌块墙 墙厚>150 mm 砂浆	10 m³	9.44732	
010402001002	砌块墙 [项目特征] (1)砖品种、规格、强度等级:250 mm 厚加气混凝土砌块 (2)墙体类型:外墙 (3)砂浆强度等级、配合比:干混砌筑砂浆 DM M10 (4)砌筑高度:3.6 m 以内	m³	78.9642	
A1-32	蒸压加气混凝土砌块墙 墙厚>150 mm 砂浆	10 m³	7.89642	

编码	项目名称	单位	工程量明细	
			绘图输入	表格输入
010402001003	砌块墙 [项目特征] (1)砖品种、规格、强度等级：100 mm 厚加气混凝土砌块 (2)墙体类型：外墙 (3)砂浆强度等级、配合比：干混砌筑砂浆 DM M10 (4)砌筑高度：3.6 m 以内	m³	8.2196	
A1-31	蒸压加气混凝土砌块墙 墙厚≤150 mm 砂浆	10 m³	0.82196	

【说明】

填充墙的工程量统计需在门窗洞口绘制完后进行。

五、总结拓展

1）软件对内外墙定义的规定

该软件为方便内外墙的区分以及平整场地散水、建筑面积、装修等进行外墙轴线的智能布置，需要人为地进行内外墙的设置。

2）砌体加筋的定义和绘制（在完成门窗洞口、圈梁、构造柱等后进行操作）

（1）分析图纸

分析结施-01(2)"结构设计总说明"，可见"7.填充墙"中"（3）填充墙与柱、抗震墙及构造柱连接处应设拉结筋，做法见图 8"，以及"（7）墙体加筋为 2Φ6@600，遇到圈梁、框架梁起步为 200 mm，遇到构造柱锚固为 200 mm，遇到门窗洞口退一个保护层（60 mm），加弯折（60 mm），遇到过梁梁头也是退一个保护层（60 mm），加弯折（60 mm）"。

（2）砌体加筋的定义

下面以④轴和Ⓑ轴交点处 L 形砌体墙位置的加筋为例，介绍砌体加筋的定义和绘制。

①在导航树中，选择"墙"→"砌体加筋"，在"新建列表"中单击"新建"→"新建砌体加筋"。

②根据砌体加筋所在的位置选择参数图形，软件中有 L 形、T 形、十字形和一字形供选择，各自适用于相应形状的砌体相交形式。例如，对于④轴和Ⓑ轴交点处的 L 形砌体墙位置的加筋，选择 L 形的砌体加筋定义和绘制。

a.选择参数化图形：选择"L-1 形"。砌体加筋参数图的选择主要看钢筋的形式，只要选择的钢筋形式与施工图中完全一致即可。

b.参数输入：Ls1 和 Ls2 指两个方向的加筋伸入砌体墙内的长度，输入"1000"；b1 指竖向砌体墙的厚度，输入"200"；b2 指横向砌体墙的厚度，输入"200"。单击"确定"按钮，回到属性输入界面，如图 3.93 所示。

图 3.93

c.根据需要输入名称,按照总说明,每侧钢筋信息为 2 φ 6@ 600,1#加筋、2#加筋分别输入"2 φ 6@ 600",如图 3.94 所示。

	属性列表	图层管理
	属性名称	属性值
1	名称	LJ-2
2	砌体加筋形式	L-1形
3	1#加筋	2中6@600
4	2#加筋	2中6@600
5	其他加筋	
6	备注	
7	□ 钢筋业务属性	
8	其他钢筋	
9	计算设置	按默认计算设置计算
10	汇总信息	(砌体拉结筋)
11	+ 显示样式	

图 3.94

d.结合结施-01(2)"7.填充墙"中的墙体加筋的说明,遇到构造柱锚固为 200,因此加筋伸入构造柱的锚固长度需要在计算设置中设定。因为本工程所有砌体加筋的形式和锚固长度一致,所以可以在"工程设置"选项卡中选择"钢筋设置"→"计算设置",针对整个工程的砌体加筋进行设置,如图 3.95 所示。

在砌体加筋的钢筋信息和锚固长度设置完毕后,定义构件完成。按照同样的方法可定义其他位置的砌体加筋。

(3)砌体加筋的绘制

在绘图区域中,在④轴和⑥轴交点处绘制砌体加筋,单击"点",选择"旋转点",然后选择所在位置,再选择水平向原体墙的左侧端点确定方向,则绘制成功,如图 3.96 所示。

图 3.95

图 3.96

当所绘制的砌体加筋与墙体不对齐时,可采用"对齐"功能将其对应到所在位置。

其他位置加筋的绘制,可根据实际情况选择"点"画法或者"旋转点"画法,也可以使用"智能布置"。

综上所述,砌体加筋的绘制流程如下:新建→选择参数图→输入截面参数→输入钢筋信息→计算设置(本工程一次性设置完毕就不用再设)→绘制。

问题思考

(1)思考"Shift+左键"的方法还可以应用在哪些构件的绘制中?

(2)框架间墙的长度怎样计算?

(3)在定义墙构件属性时为什么要区分内、外墙的标志?

3.6 门窗、洞口、壁龛及附属构件工程量计算

通过本节的学习,你将能够:

(1)正确计算门窗、洞口、壁龛的工程量;

(2)正确计算过梁、圈梁及构造柱的工程量。

3.6.1 门窗、洞口、壁龛的工程量计算

通过本小节的学习,你将能够:

(1)定义门窗洞口;

(2)绘制门窗图元;

(3)统计本层门窗的工程量。

一、任务说明

①完成首层门窗、洞口的属性定义、做法套用及图元绘制。

②使用精确和智能布置绘制门窗。

③汇总计算,统计本层门窗的工程量。

二、任务分析

①首层门窗的尺寸种类有多少?影响门窗位置的离地高度如何设置?门窗在墙中是如何定位的?

②门窗的清单与定额如何匹配?

③不精确布置门窗会有可能影响哪些项目的工程量?

三、任务实施

1)分析图纸

分析图纸建施-01、建施-03、建施-09至建施-10,可以得到门窗的信息,见表3.26。

表 3.26 门窗表

编号	名称	规格(洞口尺寸)(mm)		数量(樘)						备注
		宽	高	地下1层	1层	2层	3层	4层	总计	
FM甲1021	甲级防火门	1000	2100	2					2	甲级防火门
FM乙1121	乙级防火门	1100	2100	1	1				2	乙级防火门
M5021	旋转玻璃门	5000	2100		1				1	甲方确定
M1021	木质夹板门	1000	2100	18	20	20	20	20	98	甲方确定
C0924	塑钢窗	900	2400		4	4	4	4	16	详见立面
C1524	塑钢窗	1500	2400		2	2	2	2	8	详见立面
C1624	塑钢窗	1600	2400	2	2	2	2	2	10	详见立面
C1824	塑钢窗	1800	2400		2	2	2	2	8	详见立面
C2424	塑钢窗	2400	2400		2	2	2	2	8	详见立面
PC1	飘窗(塑钢窗)	见平面	2400		2	2	2	2	8	详见立面
C5027	塑钢窗	5000	2700			1	1	1	3	详见立面

2)门窗清单、定额计算规则学习

(1)清单计算规则学习

门窗清单计算规则,见表3.27。

表 3.27 门窗清单计算规则

编号	项目名称	单位	计算规则
010801002	木质门带套	m²	
010805002	旋转门	m²	(1)以樘计量,按设计图示尺寸以数量计算
010802003	钢质防火门	m²	(2)以m²计量,按设计图示洞口尺寸以面积计算
010807001	金属(塑钢、断桥)窗	m²	

(2)定额计算规则学习

门窗定额计算规则,见表3.28。

表 3.28　门窗定额计算规则

编号	项目名称	单位	计算规则
A5-3	带门套成品装饰 平开复合木门单开	樘	按设计图示洞口尺寸以数量计算
A5-74	全玻转门安装 直径3.6 m、不锈钢柱、玻璃 12 mm	樘	
A5-22	钢质防火门安装	100 m²	
A5-92	塑钢成品窗安装 推拉	100 m²	

3）门窗的属性定义

（1）门的属性定义

在导航树中单击"门窗洞"→"门"。在"构件列表"中选择"新建"→"新建矩形门"，在"属性编辑框"中输入相应的属性值。

①洞口宽度、洞口高度：从门窗表中可以直接得到属性值。

②框厚：输入门实际的框厚尺寸，对墙面块料面积的计算有影响，本工程输入为"60"。

③立樘距离：门框中心线与墙中心间的距离，默认为"0"。如果门框中心线在墙中心线左边，该值为负，否则为正。

④框左右扣尺寸、框上下扣尺寸：如果计算规则要求门窗按框外围计算，输入框扣尺寸。

（2）门的属性值及做法套用

门的属性值及做法套用，如图 3.97—图 3.99 所示。

图 3.97

图 3.98

图 3.99

（3）窗的属性定义

在导航树中选择"门窗洞"→"窗"，单击"定义"按钮，进入窗的定义界面，在"构件列表"中选择"新建"→"新建矩形窗"，新建"矩形窗 C0924"。

【注意】

窗离地高度＝50 mm+600 mm＝650 mm（相对结构标高−0.050 m 而言），如图 3.100 所示。

图 3.100

（4）窗的属性值及做法套用

窗的属性值及做法套用，如图 3.101 所示。

图 3.101

其他窗可通过"复制"定义,修改名称和洞口宽度,如图 3.102—图 3.105 所示。

	属性名称	属性值	附加
1	名称	C1824	
2	类别	普通窗	
3	顶标高(m)	层底标高+3.05	
4	洞口宽度(mm)	1800	
5	洞口高度(mm)	2400	
6	离地高度(mm)	650	
7	框厚(mm)	60	
8	立梃距离(mm)	0	
9	洞口面积(m²)	4.32	
10	框外围面积(m²)	(4.32)	
11	框上下扣尺寸(..	0	
12	框左右扣尺寸(..	0	
13	是否随墙变斜	是	
14	备注		
15	⊞ 钢筋业务属性		
20	⊞ 土建业务属性		
22	⊞ 显示样式		

图 3.102

	属性名称	属性值	附加
1	名称	C1624	
2	类别	普通窗	
3	顶标高(m)	层底标高+3.05	
4	洞口宽度(mm)	1600	
5	洞口高度(mm)	2400	
6	离地高度(mm)	650	
7	框厚(mm)	60	
8	立梃距离(mm)	0	
9	洞口面积(m²)	3.84	
10	框外围面积(m²)	(3.84)	
11	框上下扣尺寸(..	0	
12	框左右扣尺寸(..	0	
13	是否随墙变斜	是	
14	备注		
15	⊞ 钢筋业务属性		
20	⊞ 土建业务属性		
22	⊞ 显示样式		

图 3.103

4)做法套用

M1021 做法套用信息如图 3.106 所示,M5021 做法套用信息如图 3.107 所示,C0924 做法套用信息如图 3.108 所示,其他几个窗做法套用同 C0924。

	属性名称	属性值	附加
1	名称	C1524	☐
2	类别	普通窗	☐
3	顶标高(m)	层底标高+3.05	☐
4	洞口宽度(mm)	1500	☐
5	洞口高度(mm)	2400	☐
6	离地高度(mm)	650	☐
7	框厚(mm)	60	☐
8	立樘距离(mm)	0	☐
9	洞口面积(m²)	3.6	☐
10	框外围面积(m²)	(3.6)	☐
11	框上下扣尺寸(...	0	☐
12	框左右扣尺寸(...	0	☐
13	是否随墙变斜	是	☐
14	备注		☐
15	⊞ 钢筋业务属性		
20	⊞ 土建业务属性		
22	⊞ 显示样式		

图 3.104

	属性名称	属性值	附加
1	名称	C2424	☐
2	类别	普通窗	☐
3	顶标高(m)	层底标高+3.3	☐
4	洞口宽度(mm)	2400	☐
5	洞口高度(mm)	2400	☐
6	离地高度(mm)	650	☐
7	框厚(mm)	60	☐
8	立樘距离(mm)	0	☐
9	洞口面积(m²)	5.76	☐
10	框外围面积(m²)	(5.76)	☐
11	框上下扣尺寸(...	0	☐
12	框左右扣尺寸(...	0	☐
13	是否随墙变斜	是	☐
14	备注		☐
15	⊞ 钢筋业务属性		
20	⊞ 土建业务属性		
22	⊞ 显示样式		

图 3.105

	编码	类别	名称	项目特征	单位	工程量表达式	表达式说明	单价	综合单价	措施项目
1	⊟ 010801002	项	木质门带套	1.门代号及洞口尺寸：M1021 2.框或扇外围尺寸：1000*2100 3.框扇材质：木质门	樘	SL	SL<数量>			☐
2	A5-3	定	带门套成品装饰平开复合木门 单开		樘	SL	SL<数量>	1266.86		☐

图 3.106

	编码	类别	名称	项目特征	单位	工程量表达式	表达式说明	单价	综合单价	措施项目
1	⊟ 010805002	项	旋转门	1.门代号及洞口尺寸：M5021 2.框或扇外围尺寸：5000*2100 3.框扇材质：乙级转玻璃门	樘	SL	SL<数量>			☐
2	A5-74	定	全玻转门安装 直径3.6m、不锈钢柱、玻璃12mm		樘	SL	SL<数量>	80756.81		☐

图 3.107

	编码	类别	名称	项目特征	单位	工程量表达式	表达式说明	单价	综合单价	措施项目
1	⊟ 010807001	项	金属（塑钢、断桥）窗	C2424	m2	DKMJ	DKMJ<洞口面积>			☐
2	A5-92	定	塑钢成品窗安装 推拉		m2	DKMJ	DKMJ<洞口面积>	35474.31		☐

图 3.108

5) 门窗洞口的画法讲解

门窗洞构件属于墙的附属构件,也就是说,门窗洞构件必须绘制在墙上。

门窗最常用的是"点"绘制。对于计算来说,一段墙扣减门窗洞口面积,只要门窗绘制在墙上即可,一般对位置要求不用很精确,因此直接采用点绘制即可。在点绘制时,软件默认开启动态输入的数值框,可直接输入一边距墙端头的距离,或通过"Tab"键切换输入框。

当门窗紧邻柱等构件布置时,考虑其上过梁与旁边的柱、墙扣减关系,需要对这些门窗精确定位。如一层平面图中的 M1，都是贴着柱边布置的。

（1）绘制门

①智能布置：墙段中点，如图 3.109 所示。

图 3.109

②精确布置：用鼠标左键选择参考点，在输入框中输入偏移值：600，如图 3.110 所示。

图 3.110

③点绘制："Tab"键交换左右输入框，如图 3.111 所示。

④复制粘贴：如图 3.112 所示。

⑤镜像：如图 3.113 所示。

图 3.111

图 3.112

（2）绘制窗

①点绘制，如图 3.114 所示。

②精确布置：以Ⓐ、②～③轴线的 C0924 为例，用鼠标左键单击Ⓐ轴线和②轴线交点，输入 850，然后按"Enter"键即可。其他操作方法类似，如图 3.115 所示。

图 3.113

图 3.114

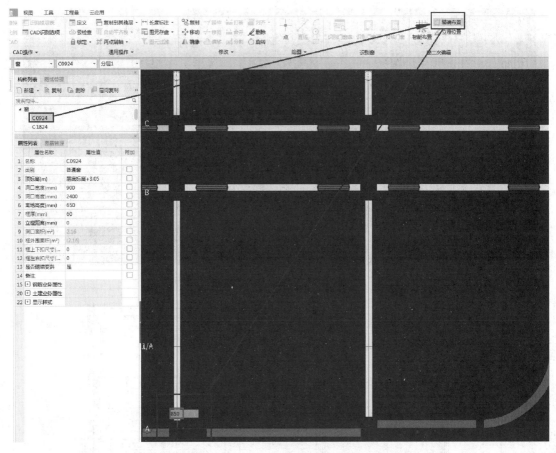

图 3.115

③长度标注:可利用"长度标注"命令,检查布置的位置是否正确,如图 3.116 所示。

图 3.116

④镜像:可利用"镜像"命令,如图 3.117 所示。

6) 阳台处转角窗的定义和绘制

①图纸建施-12,转角窗。顶标高:3.05,底标高:0.350,如图 3.118 所示。

②属性定义如图 3.119 所示。

③转角窗绘制。选择"智能布置":"墙"——拉框选择墙,如图 3.120 所示。

图 3.117

图 3.118

图 3.119

3 首层工程量计算

图 3.120

7)飘窗的属性定义及绘制

①识图,建施-04 和建施-12,如图 3.121 所示。

图 3.121

飘窗钢筋信息见结施-10 中 1—1 详图,如图 3.122 所示。

99

1—1详图(飘窗处)

注:飘窗板根部构件长度同飘窗板长度

图 3.122

②定义飘窗,如图 3.123 所示。

图 3.123

修改相关属性值如图 3.124 所示。

图 3.124

③做法套用如图 3.125 所示。

图 3.125

④绘制。采用精确布置方法,如图 3.126 所示。图 3.126 右侧部分操作方法相同,也可使用"镜像"命令完成绘制。

图 3.126

四、任务结果

汇总计算，统计本层门窗的清单、定额工程量，见表 3.29。

表 3.29　门窗的清单、定额工程量

编码	项目名称	单位	工程量明细	
			绘图输入	表格输入
010801002001	木质门带套 ［项目特征］ （1）门代号及洞口尺寸：M1021 （2）门框或扇外围尺寸：1000 mm×2100 mm （3）门框、扇材质：木质复合门	樘	20	
A5-3	带门套成品装饰平开复合木门 单开	樘	20	
010802003001	钢质防火门 ［项目特征］ （1）门代号及洞口尺寸：FM乙1121 （2）门框或扇外围尺寸：1100 mm×2100 mm （3）门框、扇材质：乙级钢质防火门	m²	2.31	
A5-22	钢质防火门安装	100 m²	0.0231	
010805002001	旋转门 ［项目特征］ （1）门代号及洞口尺寸：M5021 （2）门框或扇外围尺寸：5000 mm×2100 mm （3）门框、扇材质：全玻璃转门	樘	1	
A5-74	全玻转门安装 直径 3.6 m，不锈钢柱、玻璃 12 mm	樘	1	
010807001001	金属（塑钢、断桥）窗 ［项目特征］ （1）窗代号及洞口尺寸：C0924 （2）门框或扇外围尺寸：900 mm×2400 mm （3）门框、扇材质：塑钢	m²	8.64	
A5-92	塑钢成品窗安装 推拉	100 m²	0.00864	
010807001002	金属（塑钢、断桥）窗 ［项目特征］ （1）窗代号及洞口尺寸：C1824 （2）门框或扇外围尺寸：1800 mm×2400 mm （3）门框、扇材质：塑钢	m²	17.28	
A5-92	塑钢成品窗安装 推拉	100 m²	0.1728	

续表

编码	项目名称	单位	工程量明细	
			绘图输入	表格输入
010807001003	金属(塑钢、断桥)窗 [项目特征] (1)窗代号及洞口尺寸:C1624 (2)门框或扇外围尺寸:1600 mm×2400 mm (3)门框、扇材质:塑钢	m²	7.68	
A5-92	塑钢成品窗安装 推拉	100 m²	0.0768	
010807001004	金属(塑钢、断桥)窗 [项目特征] (1)窗代号及洞口尺寸:C1524 (2)门框或扇外围尺寸:1500 mm×2400 mm (3)门框、扇材质:塑钢	m²	7.2	
A5-92	塑钢成品窗安装 推拉	100 m²	0.072	
010807001005	金属(塑钢、断桥)窗 [项目特征] (1)窗代号及洞口尺寸:C2424 (2)门框或扇外围尺寸:2400 mm×2400 mm (3)门框、扇材质:塑钢	m²	17.28	
A5-92	塑钢成品窗安装 推拉	100 m²	0.1728	

问题思考

在什么情况下需要对门、窗进行精确定位?

3.6.2 过梁、圈梁、构造柱的工程量计算

通过本小节的学习,你将能够:

(1)依据定额和清单分析过梁、圈梁、构造柱的工程量计算规则;

(2)定义过梁、圈梁、构造柱;

(3)绘制过梁、圈梁、构造柱;

(4)统计本层过梁、圈梁、构造柱的工程量。

一、任务说明

①完成首层过梁、圈梁、构造柱的属性定义、做法套用及图元绘制。

②汇总计算,统计首层过梁、圈梁、构造柱的工程量。

二、任务分析

①首层过梁、圈梁、构造柱的尺寸种类分别有多少? 分别从哪个图中的什么位置找到?

②过梁伸入墙长度如何计算?

③如何快速使用智能布置和自动生成构过梁、构造柱?

三、任务实施

1)分析图纸

(1)圈梁

图纸结施-01(2)中,所有外墙窗下标高处增加钢筋混凝土现浇带,截面尺寸为墙厚×180 mm。

(2)过梁

结施-01(2)中,过梁尺寸及配筋表,如图 3.127 所示。

过梁尺寸及配筋表

门窗洞口宽度	≤1200		>1200 且≤2400		>2400 且≤4000		>4000 且≤5000	
断面 $b×h$	$b×120$		$b×180$		$b×300$		$b×400$	
配筋　墙厚	①	②	①	②	①	②	①	②
$b≤90$	2φ10	2Φ14	2Φ12	2Φ16	2Φ14	2Φ18	2Φ16	2Φ20
$90<b<240$	2φ10	3Φ12	2Φ12	3Φ14	2Φ14	3Φ16	2Φ16	3Φ20
$b≥240$	2φ10	4Φ12	2Φ12	4Φ14	2Φ14	4Φ16	2Φ16	4Φ20

图 3.127

(3)构造柱

结施-01(2)中构造柱的尺寸、钢筋信息及布置位置,如图 3.128 所示。

(4)构造柱的设置:本图构造柱的位置设置见图9,构造柱的尺寸和配筋见图10。
构造柱上、下端框架梁处500 mm高度范围内,箍筋间距加密到@100。

图 3.128

2) 清单、定额计算规则学习

(1) 清单计算规则

过梁、圈梁、构造柱清单计算规则,见表 3.30。

表 3.30 过梁、圈梁、构造柱清单计算规则

编号	项目名称	单位	计算规则
010503005	过梁	m³	按设计图示尺寸以体积计算。伸入墙内的梁头、梁垫并入梁体积内
011702009	过梁 模板	m²	按模板与现浇混凝土构件的接触面积计算
010503004	圈梁	m³	按设计图示尺寸以体积计算。伸入墙内的梁头、梁垫并入梁体积内
011702008	圈梁 模板	m²	按模板与现浇混凝土构件的接触面积计算
010502002	构造柱	m³	按设计图示尺寸以体积计算。柱高:构造柱按全高计算,嵌接墙体部分(马牙槎)并入柱身体积
011702003	构造柱 模板	m²	按模板与现浇混凝土构件的接触面积计算
010507005	压顶	m³	(1)以 m 计量,按设计图示的中心线以延长米计算 (2)以 m³ 计量,按设计图示尺寸以体积计算
011702025	其他现浇构件 模板	m²	按模板与现浇混凝土构件的接触面积计算

(2) 定额计算规则学习

过梁、圈梁、构造柱定额计算规则,见表 3.31。

表 3.31 过梁、圈梁、构造柱定额计算规则

编号	项目名称	单位	计算规则
A2-20	现浇混凝土 过梁	10 m³	按设计图示尺寸以体积计算
A16-74	过梁 胶合板模板 3.6 m 以内钢支撑	10 m³	过梁按图示尺寸以面积计算
A2-19	现浇混凝土 圈梁	10 m³	按设计图示尺寸以体积计算
A16-71	圈梁 直形 胶合板模板 3.6 m 以内钢支撑	10 m³	圈梁按图示尺寸以面积计算
A2-12	现浇混凝土 构造柱	10 m³	构造柱按全高计算,与砖墙嵌接部分(马牙槎)的体积并入柱身体积内

续表

编号	项目名称	单位	计算规则
A16-52	构造柱 胶合板模板 钢支撑 3.6 m 以内	10 m³	按模板与现浇混凝土构件的接触面积计算
A2-54	现浇混凝土 小型构件	10 m³	按设计图示尺寸以体积计算
A16-134	小型构件 胶合板 模板 木支撑	10 m³	按设计图示尺寸以面积计算

3)属性定义及做法套用

①圈梁属性定义及做法套用,如图 3.129 所示。

图 3.129

②过梁属性定义及做法套用。分析首层外墙厚为 250 mm,内墙为 200 mm。分析建施-01 门窗表,门宽度为 5000 mm 和 1000 mm。窗宽度为 900,1500,1600,1800,2400 mm,则可依据门窗宽度新建过梁信息,如图 3.130—图 3.133 所示。

图 3.130

图 3.131

图 3.132

图 3.133

③构造柱属性定义及做法套用,如图 3.134 所示。

4)绘制构件

(1)圈梁绘制

智能布置功能,选中外墙有窗需要布置的部分,如图 3.135 所示。

图 3.134

图 3.135

(2)过梁绘制

绘制过梁,GL-1 用智能布置功能,按门窗洞口宽度布置,如图 3.136 和图 3.137 所示。

图 3.136

图 3.137

　　左键"确定"即可完成 GL-1 的布置。其他几根过梁操作方法同 GL-1。GL-2:"智能布置"按门窗洞口宽度布置,如图 3.138 所示。

图 3.138

GL-3:"智能布置"按门窗洞口宽度布置,如图 3.139 所示。

图 3.139

GL-4:用点功能绘制,如图 3.140 所示。

图 3.140

（3）构造柱绘制

按照结施-01（2）图 9 所示位置绘制上去即可。其绘制方法同柱，可选择窗的端点，按"Shift"键，弹出"请输入偏移值"对话框，输入偏移值，如图 3.141 所示。

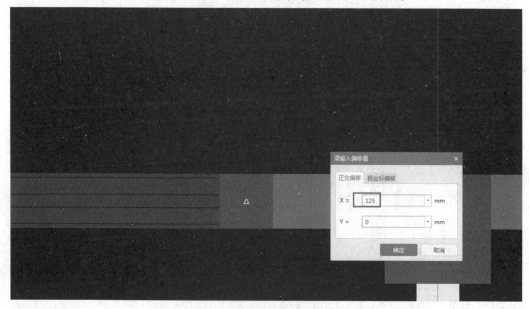

图 3.141

单击"确定"按钮，完成后如图 3.142 所示。

图 3.142

四、任务结果

汇总计算,统计本层过梁、圈梁、构造柱的清单、定额工程量,见表 3.32。

表 3.32 过梁、圈梁、构造柱的清单、定额工程量

编码	项目名称	单位	工程量
010502002001	构造柱 [项目特征] (1)混凝土种类:商品混凝土 (2)混凝土强度等级:C25	m³	4.3673
010503005001	过梁 [项目特征] (1)混凝土种类:商品混凝土 (2)混凝土强度等级:C25	m³	2.4656
010503004001	窗台下圈梁 (1)断面尺寸:250 mm×180 mm (2)混凝土种类:商品混凝土 (3)混凝土强度等级:C25	m	3.7319
011702003002	构造柱 模板高度:3.6 m 以外	m²	48.2994
011702009001	过梁	m²	32.6901
011702008001	圈梁	m³	29.378

五、总结拓展

圈梁的属性定义

在导航树中单击"梁"→"圈梁",在"构件列表"中单击"新建"→"新建圈梁",在"属性编辑框"中输入相应的属性值,绘制完圈梁后,需手动修改圈梁标高。

问题思考

(1)简述构造柱的设置位置。

(2)为什么外墙窗顶没有设置圈梁?

(3)自动生成构造柱符合实际要求吗? 如果不符合,则需要做哪些调整?

3.7 楼梯工程量计算

通过本节的学习,你将能够:
正确计算楼梯的土建及钢筋工程量。

3.7.1 楼梯的定义和绘制

通过本小节的学习,你将能够:

(1)分析整体楼梯包含的内容;

(2)定义参数化楼梯;

(3)绘制参数化楼梯;

(4)统计各层楼梯的土建工程量。

一、任务说明

①使用参数化楼梯来完成楼梯的属性定义及做法套用。

②汇总计算,统计楼梯的工程量。

二、任务分析

①楼梯由哪些构件组成? 每一构件都对应有哪些工作内容? 做法如何套用?

②如何正确地编辑楼梯各构件的工程量表达式?

三、任务实施

1)分析图纸

分析建施-13、结施-13 及各层平面图可知,本工程有一部楼梯,即位于④~⑤轴间与Ⓒ~Ⓓ轴间的为 1 号楼梯。楼梯从负一层开始到第三层。

依据定额计算规则可知,楼梯按照水平投影面积计算混凝土和模板面积。分析图纸可知,TZ1 工程量不包含在整体楼梯中,需单独计算。

从建施-13 剖面图可知,楼梯栏杆为 1.05 m 高铁栏杆带木扶手。由平面图知,阳台栏杆为 0.9 m 高的不锈钢栏杆。

2)清单、定额计算规则学习

(1)清单计算规则

楼梯清单计算规则,见表 3.33。

表 3.33　楼梯清单计算规则

编号	项目名称	单位	计算规则
010506001	直形楼梯	m²	按实际图示尺寸以水平投影面积计算。不扣除宽度小于 500 mm 的楼梯井,伸入墙内部分不计算
011702024	楼梯	m²	按楼梯(包括休息平台、平台梁、斜梁和楼层板的连接梁)的水平投影面积计算,不扣除宽度小于等于 500 mm 的楼梯井所占面积,楼梯踏步、踏步板、平台梁等侧面模板不另计算,伸入墙内部分亦不增加

(2)定额计算规则

楼梯定额计算规则,见表 3.34。

表 3.34　楼梯定额计算规则

编号	项目名称	单位	计算规则
2-46	现浇混凝土 楼梯 直形	m²	整体楼梯(包括休息平台、平台梁、斜梁及楼梯的连接梁)按水平投影面积计算,不扣除宽度小于 500 mm 的楼梯井,伸入墙内部分亦不增加
A16-130	楼梯直形胶合板模板钢支撑	m²	现浇混凝土楼梯(包括休息平台、平台梁、斜梁及楼梯的连接梁)按水平投影面积计算,不扣除宽度小于 500 mm 的楼梯井,楼梯踏步、踏步板、平台梁等侧面模板不另计算,伸入墙内部分亦不增加

3)楼梯属性定义

楼梯可按照水平投影面积布置,也可绘制参数化楼梯,本工程按照参数化布置是为了方便计算楼梯底面抹灰等装修工程的工程量。

(1)新建楼梯

本工程楼梯为直形双跑楼梯,以本图纸楼梯为例进行讲解。在导航树中选择“楼梯”→“楼梯”→“参数化楼梯”,如图 3.143 所示,选择“标准双跑楼梯”,单击“确定”按钮,进入“选择参数化图形”对话框,按照结施-13 中的数据更改右侧绿色的字体,编辑完参数后单击“确定”按钮即可,如图 3.144 所示。

图 3.143

图 3.144

	属性名称	属性值	附加
1	名称	LT-1	
2	截面形状	标准双跑I	☐
3	建筑面积计算...	不计算	☐
4	图元形状	直形	☐
5	材质	现浇混凝土	☐
6	混凝土强度等级	C30	☐
7	底标高(m)	层底标高	☐
8	备注		☐
9	⊞ 钢筋业务属性		
12	⊞ 土建业务属性		

图 3.145

（2）定义属性

根据该案例,结合结施-13,对 1 号楼梯进行属性的定义,如图 3.145 所示。

4) 做法套用

1 号楼梯的做法套用,如图 3.146 所示。

5) 楼梯画法讲解

首层楼梯绘制。楼梯可以用点画绘制,点画绘制时需要注意楼梯的位置。绘制的楼梯图元如图 3.147 所示。

	编码	类别	名称	项目特征	单位	工程量表达式	表达式说明	单价	综合单价	措施项目
1	⊟ 010506001	项	直形楼梯	直行楼梯 1.混凝土种类:商品混凝土 2.混凝土强度等级:C30	m2	TYMJ	TYMJ<水平投影面积>			☐
2	A2-46	定	现浇混凝土 楼梯 直形		m2	TYMJ	TYMJ<水平投影面积>	1217.62		☐
3	⊟ 011702024	项	楼梯	1.类型:双跑楼梯	m2	TYMJ	TYMJ<水平投影面积>			☑
4	A16-130	定	楼梯直形胶合板模板钢支撑		m2	TYMJ	TYMJ<水平投影面积>	13324.7		☑

图 3.146

图 3.147

四、任务结果

汇总计算,统计首层楼梯的清单、定额工程量,见表 3.35。

表 3.35　首层楼梯的清单、定额工程量

编码	项目名称	单位	工程量明细	
			绘图输入	表格输入
010506001001	直形楼梯 [项目特征] (1)混凝土种类:商品混凝土 (2)混凝土强度等级:C30	m^2	17.225	
A2-46	现浇混凝土 楼梯 直形	$10\ m^2$	1.7225	
011702024001	楼梯	m^2	17.225	
A16-130	楼梯直形胶合板模板钢支撑	$100\ m^2$ 水平投影面积	0.17225	

五、知识拓展

组合楼梯的绘制

组合楼梯就是楼梯使用单个构件绘制后的楼梯,每个单构件都要单独定义、单独绘制,绘制方法如下:

(1)组合楼梯构件的属性定义

①直形梯段的属性定义,单击"新建直形梯段",按照结施-13 的信息输入相应数据,如图 3.148 所示。

②休息平台的属性定义,单击"新建现浇板",按照结施-13 的信息输入相应数据,如图 3.149 所示。

属性列表

	属性名称	属性值	附加
1	名称	AT-1	
2	梯板厚度(mm)	130	☐
3	踏步高度(mm)	150	☐
4	踏步总高(mm)	1950	☐
5	建筑面积计算	不计算	☐
6	材质	现浇混凝土	☐
7	混凝土类型	(碎石混凝土 坍…	☐
8	混凝土强度等级	(C30)	☐
9	混凝土外加剂	(无)	
10	泵送类型	(混凝土泵)	
11	泵送高度(m)	7.45	
12	底标高(m)	层底标高	☐
13	备注		☐
14 ⊞	钢筋业务属性		
17 ⊞	土建业务属性		
20 ⊞	显示样式		

图 3.148

属性列表

	属性名称	属性值	附加
1	名称	PTB-1	
2	厚度(mm)	100	☐
3	类别	有梁板	☐
4	是否是楼板	是	☐
5	材质	现浇混凝土	☐
6	混凝土类型	(碎石混凝土 坍落度3…	☐
7	混凝土强度等级	(C30)	☐
8	混凝土外加剂	(无)	
9	泵送类型	(混凝土泵)	
10	泵送高度(m)		
11	顶标高(m)	层顶标高	☐
12	备注		☐
13 ⊞	钢筋业务属性		
24 ⊞	土建业务属性		
31 ⊞	显示样式		

图 3.149

属性列表

	属性名称	属性值	附加
1	名称	TL-1	
2	结构类别	非框架梁	☐
3	跨数量	1	☐
4	截面宽度(mm)	200	☐
5	截面高度(mm)	400	☐
6	轴线距梁左边…	(100)	☐
7	箍筋	Φ8@200(2)	☐
8	胶数	2	
9	上部通长筋	2Φ14	☐
10	下部通长筋	3Φ16	☐
11	侧面构造或受…		☐
12	拉筋		☐
13	定额类别	有梁板	☐
14	材质	现浇混凝土	☐
15	混凝土类型	(碎石混凝土 坍落…	☐
16	混凝土强度等级	C30	☐
17	混凝土外加剂	(无)	
18	泵送类型	(混凝土泵)	
19	泵送高度(m)		
20	截面周长(m)	1.2	☐
21	截面面积(m²)	0.08	☐

图 3.150

③梯梁的属性定义,单击"新建矩形梁",按照结施-13 的信息输入相应数据,如图 3.150 所示。

(2)做法套用

做法套用与上述楼梯做法套用相同。

(3)直形梯段画法

直形梯段可以直线绘制也可以矩形绘制,绘制后单击"设置踏步起始边"即可。休息平台也一样,绘制方法同现浇板。完成绘制后,如图 3.151所示。

(4)梯梁的绘制

梯梁的绘制参考梁的部分内容。

(5)休息平台的绘制

休息平台的绘制参考板部分,休息平台上的钢筋参考板钢筋部分。

图 3.151

问 题思考

整体楼梯的工程量中是否包含 TZ?

3.7.2　表格输入法计算楼梯梯板钢筋工程量

通过本小节的学习,你将能够:

正确运用表格输入法计算工程量。

一、任务说明

在表格输入中运用参数输入法完成所有层楼梯的钢筋工程量计算。

二、任务分析

以首层 1 号楼梯为例,参考结施-13 及建施-13,读取梯板的相关信息,如梯板厚度、钢筋信息及楼梯具体位置。

三、任务实施

①如图 3.152 所示,切换到"工程量"选项卡,单击"表格输入"。

图 3.152

②在"表格输入"界面单击"构件",添加构件"AT1",根据图纸信息,输入 AT1 的相关属

性信息,如图 3.153 所示。

图 3.153

③新建构件后,单击"参数输入",在弹出的"图集列表"中,选择相应的楼梯类型,如图 3.154 所示。以 AT 型楼梯为例。

图 3.154

④在楼梯的参数图中,以首层 1 号楼梯为例,参考结施-13 及建施-13,按照图纸标注输入各个位置的钢筋信息和截面信息,如图 3.155 所示。输入完毕后,选择"计算保存"。

图 3.155

四、任务结果

查看报表预览中的构件汇总信息明细表。同学们可通过云对比钢筋量,并查找差异原因。任务结果参考第 10 章表 10.1 输入。

问题思考

参数化楼梯中的钢筋是否包括梯梁中的钢筋?

4 第二、三层工程量计算

通过本章的学习，你将能够：
(1) 掌握层间复制图元的方法；
(2) 掌握修改构件图元的方法。

4.1 二层工程量计算

通过本节的学习，你将能够：
掌握层间复制图元的两种方法。

一、任务说明

①使用层间复制方法完成二层柱、梁、板、墙体、门窗的做法套用及图元绘制。
②查找首层与二层的不同部分，将不同部分进行修正。
③汇总计算，统计二层柱、梁、板、墙体、门窗的工程量。

二、任务分析

①对比二层与首层的柱、梁、板、墙体、门窗都有哪些不同，分别从名称、尺寸、位置、做法4个方面进行对比。
②从其他楼层复制构件图元与复制选定图元到其他楼层有什么不同？

三、任务实施

1) 分析图纸

(1) 分析框架柱

分析结施-04，二层框架柱和首层框架柱相比，截面尺寸、混凝土强度等级没有差别，不同的是钢筋信息全部发生变化。

(2) 分析梁

分析结施-06 和结施-07，二层的梁和一层的梁相比截面尺寸、混凝土强度等级没有差别，唯一不同的是⑧/④~⑤轴处 KL4 发生了变化。

（3）分析板

分析结施-10 和结施-11，二层的板和一层的板相比，④~⑤/Ⓐ~Ⓑ轴增加了 130 mm 的板，⑤~⑥/Ⓒ~Ⓓ轴区域底部的 X 方向钢筋有变化。④/Ⓐ~Ⓑ轴范围负筋有变化。

（4）分析墙

分析建施-04、建施-05，二层砌体与一层砌体基本相同。

（5）分析门窗

分析建施-04、建施-05，二层门窗与一层门窗基本相同。二层在④~⑤轴为 C5027。

2）画法讲解

从其他楼层复制图元。在二层，单击"从其他层复制"，源楼层选择"首层"，图元选择"柱、墙、门窗洞、梁、板、楼梯"，目标楼层选择"第 2 层"，单击"确定"按钮，弹出"图元复制成功"提示框，如图 4.1—图 4.3 所示。

图 4.1

图 4.2

图 4.3

3) 修改构件

为避免漏掉一些构件,复制后的构件可按照画图的顺序修改。

二层构件的修改方法如下:

①分别修改柱的钢筋信息,如图 4.4—图 4.9 所示。

	属性名称	属性值	附加
1	名称	KZ1	
2	结构类别	框架柱	☐
3	定额类别	普通柱	☐
4	截面宽度(B边)(...	500	☐
5	截面高度(H边)(...	500	☐
6	全部纵筋		☐
7	角筋	4⚡22	☐
8	B边一侧中部筋	3⚡16	☐
9	H边一侧中部筋	3⚡16	☐
10	箍筋	⚡8@100(4*4)	☐
11	节点区箍筋		☐
12	箍筋胶数	4*4	
13	柱类型	角柱	☐
14	材质	现浇混凝土	☐
15	混凝土类型	(碎石混凝土 坍落度30...	☐
16	混凝土强度等级	C30	☐
17	混凝土外加剂	(无)	
18	泵送类型	(混凝土泵)	
19	泵送高度(m)		
20	截面面积(m²)	0.25	☐
21	截面周长(m)	2	☐
22	顶标高(m)	层顶标高	☐
23	底标高(m)	层底标高	☐
24	备注		☐
25	⊞ 钢筋业务属性		
43	⊞ 土建业务属性		
49	⊞ 显示样式		

截面编辑

图 4.4

	属性名称	属性值	附加
1	名称	KZ2	
2	结构类别	框架柱	☐
3	定额类别	普通柱	☐
4	截面宽度(B边)(...	500	☐
5	截面高度(H边)(...	500	☐
6	全部纵筋		☐
7	角筋	4⚡22	☐
8	B边一侧中部筋	3⚡16	☐
9	H边一侧中部筋	3⚡16	☐
10	箍筋	⚡8@100/200(4*4)	☐
11	节点区箍筋		☐
12	箍筋胶数	4*4	
13	柱类型	边柱-H	☐
14	材质	现浇混凝土	☐
15	混凝土类型	(碎石混凝土 坍落度30...	☐
16	混凝土强度等级	C30	☐
17	混凝土外加剂	(无)	
18	泵送类型	(混凝土泵)	
19	泵送高度(m)		
20	截面面积(m²)	0.25	☐
21	截面周长(m)	2	☐
22	顶标高(m)	层顶标高	☐
23	底标高(m)	层底标高	☐
24	备注		☐
25	⊞ 钢筋业务属性		
43	⊞ 土建业务属性		
49	⊞ 显示样式		

截面编辑

图 4.5

	属性列表		×
	属性名称	属性值	附加
1	名称	KZ3	
2	结构类别	框架柱	☐
3	定额类别	普通柱	☐
4	截面宽度(B边)(...	500	☐
5	截面高度(H边)(...	500	☐
6	全部纵筋		☐
7	角筋	4Φ22	☐
8	B边一侧中部筋	3Φ18	☐
9	H边一侧中部筋	3Φ18	☐
10	箍筋	Φ8@100/200(4*4)	☐
11	节点区箍筋		☐
12	箍筋胶数	4*4	
13	柱类型	边柱-B	☐
14	材质	现浇混凝土	
15	混凝土类型	(碎石混凝土 坍落度30...	
16	混凝土强度等级	C30	☐
17	混凝土外加剂	(无)	
18	泵送类型	(混凝土泵)	
19	泵送高度(m)		
20	截面面积(m²)	0.25	☐
21	截面周长(m)	2	☐
22	顶标高(m)	层顶标高	☐
23	底标高(m)	层底标高	☐
24	备注		☐
25	⊞ 钢筋业务属性		
43	⊞ 土建业务属性		
49	⊞ 显示样式		

截面编辑

图 4.6

	属性列表		×
	属性名称	属性值	附加
1	名称	KZ4	
2	结构类别	框架柱	☐
3	定额类别	普通柱	☐
4	截面宽度(B边)(...	500	☐
5	截面高度(H边)(...	500	☐
6	全部纵筋		☐
7	角筋	4Φ25	☐
8	B边一侧中部筋	3Φ18	☐
9	H边一侧中部筋	3Φ18	☐
10	箍筋	Φ8@100/200(4*4)	☐
11	节点区箍筋		☐
12	箍筋胶数	4*4	
13	柱类型	(中柱)	☐
14	材质	现浇混凝土	
15	混凝土类型	(碎石混凝土 坍落度30...	
16	混凝土强度等级	C30	☐
17	混凝土外加剂	(无)	
18	泵送类型	(混凝土泵)	
19	泵送高度(m)		
20	截面面积(m²)	0.25	☐
21	截面周长(m)	2	☐
22	顶标高(m)	层顶标高	☐
23	底标高(m)	层底标高	☐
24	备注		☐
25	⊞ 钢筋业务属性		
43	⊞ 土建业务属性		
49	⊞ 显示样式		

截面编辑

图 4.7

	属性列表		×
	属性名称	属性值	附加
1	名称	KZ5	
2	结构类别	框架柱	☐
3	定额类别	普通柱	☐
4	截面宽度(B边)(...	600	☐
5	截面高度(H边)(...	500	☐
6	全部纵筋		☐
7	角筋	4Φ25	☐
8	B边一侧中部筋	4Φ18	☐
9	H边一侧中部筋	3Φ18	☐
10	箍筋	Φ8@100/200(5*4)	☐
11	节点区箍筋		☐
12	箍筋胶数	5*4	
13	柱类型	(中柱)	☐
14	材质	现浇混凝土	
15	混凝土类型	(碎石混凝土 坍落度30...	
16	混凝土强度等级	C30	☐
17	混凝土外加剂	(无)	
18	泵送类型	(混凝土泵)	
19	泵送高度(m)		
20	截面面积(m²)	0.3	☐
21	截面周长(m)	2.2	☐
22	顶标高(m)	层顶标高	☐
23	底标高(m)	层底标高	☐
24	备注		☐
25	⊞ 钢筋业务属性		
43	⊞ 土建业务属性		
49	⊞ 显示样式		

截面编辑

图 4.8

	属性列表		×
	属性名称	属性值	附加
1	名称	KZ6	
2	结构类别	框架柱	☐
3	定额类别	普通柱	☐
4	截面宽度(B边)(...	500	☐
5	截面高度(H边)(...	600	☐
6	全部纵筋		☐
7	角筋	4Φ25	☐
8	B边一侧中部筋	3Φ18	☐
9	H边一侧中部筋	4Φ18	☐
10	箍筋	Φ8@100/200(4*5)	☐
11	节点区箍筋		☐
12	箍筋胶数	4*5	
13	柱类型	边柱-B	☐
14	材质	现浇混凝土	
15	混凝土类型	(碎石混凝土 坍落度30...	
16	混凝土强度等级	C30	☐
17	混凝土外加剂	(无)	
18	泵送类型	(混凝土泵)	
19	泵送高度(m)		
20	截面面积(m²)	0.3	☐
21	截面周长(m)	2.2	☐
22	顶标高(m)	层顶标高	☐
23	底标高(m)	层底标高	☐
24	备注		☐
25	⊞ 钢筋业务属性		
43	⊞ 土建业务属性		
49	⊞ 显示样式		

截面编辑

图 4.9

②修改梁的信息。单击"原位标注",选中 KL4,按图分别修改左右支座钢筋和跨中钢筋,如图 4.10 和图 4.11 所示。

图 4.10

图 4.11

③修改板的信息。

第一步:"点"绘制④~⑤/Ⓐ~Ⓑ轴区域 130 mm 板。

第二步:绘制板受力筋,选择"单板"→"XY 向布置",如图 4.12 所示。

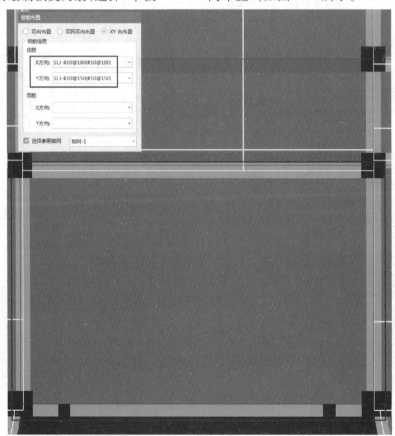

图 4.12

第三步:修改负筋信息,选中④/Ⓐ~Ⓑ轴负筋,修改右标注长度为 1200 mm,按"Enter"键,如图 4.13 所示。

图 4.13

其他几个位置的修改方法相同,此处不再赘述。

④修改门窗的信息。选中 M5021 并删除,C5027 用点绘制在相同位置即可,如图 4.14 所示。

图 4.14

四、任务结果

汇总计算，统计二层清单、定额工程量，见表4.1。

表4.1　二层清单、定额工程量

编码	项目名称	单位	工程量
010402001001	砌块墙 ［项目特征］ (1)砖品种、规格、强度等级:250 mm 厚加气混凝土砌块 (2)墙体类型:外墙 (3)砂浆强度等级、配合比:干混砌筑砂浆 DN M10 (4)砌筑高度:3.6 m 以内	m³	42.6776
010402001002	砌块墙 ［项目特征］ (1)砖品种、规格、强度等级:200 mm 厚加气混凝土砌块 (2)墙体类型:内墙 (3)砂浆强度等级、配合比:干混砌筑砂浆 DN M10 (4)砌筑高度:3.6 m 以内	m³	71.0843
010502001001	矩形柱 ［项目特征］ (1)混凝土种类:商品混凝土 (2)混凝土强度等级:C30	m³	29.628
010502002001	构造柱 ［项目特征］ (1)混凝土种类:商品混凝土 (2)混凝土强度等级:C25	m³	3.931
010503002001	矩形梁 ［项目特征］ (1)混凝土种类:商品混凝土 (2)混凝土强度等级:C30	m³	0.8794
010503004001	圈梁 ［项目特征］ (1)混凝土种类:商品混凝土 (2)混凝土强度等级:C25	m³	4.0109
010503005001	过梁 ［项目特征］ (1)混凝土种类:商品混凝土 (2)混凝土强度等级:C25	m³	0.792

编码	项目名称	单位	工程量
010504001001	直形墙 ［项目特征］ (1)混凝土种类:商品混凝土 (2)混凝土强度等级:C30	m³	6.1064
010505001001	有梁板 ［项目特征］ (1)混凝土种类:商品混凝土 (2)混凝土强度等级:C30	m³	1141763
010505001002	有梁板 ［项目特征］ (1)混凝土种类:商品混凝土 (2)混凝土强度等级:C30	m³	1.6826
010506001001	直形楼梯 ［项目特征］ (1)混凝土种类:商品混凝土 (2)混凝土强度等级:C30	m²	16.25
010801002001	木质门带套 ［项目特征］ (1)门代号及洞口尺寸:M1021 (2)门框或扇外围尺寸:1000 mm×2100 mm (3)门框、扇材质:木质复合门	樘	22
010807001006	金属(塑钢、断桥)窗 ［项目特征］ (1)窗代号及洞口尺寸:C5027 (2)门框或扇外围尺寸:5000 mm×2700 mm (3)门框、扇材质:塑钢	m²	13.5
010807001001	金属(塑钢、断桥)窗 ［项目特征］ (1)窗代号及洞口尺寸:C1524 (2)门框或扇外围尺寸:1500 mm×2400 mm (3)门框、扇材质:塑钢	m²	7.2
010807001002	金属(塑钢、断桥)窗 ［项目特征］ (1)窗代号及洞口尺寸:C2424 (2)门框或扇外围尺寸:2400 mm×2400 mm (3)门框、扇材质:塑钢	m²	17.28

续表

编码	项目名称	单位	工程量
010807001003	金属(塑钢、断桥)窗 [项目特征] (1)窗代号及洞口尺寸:C1624 (2)门框或扇外围尺寸:1600 mm×2400 mm (3)门框、扇材质:塑钢	m²	7.68
010807001004	金属(塑钢、断桥)窗 [项目特征] (1)窗代号及洞口尺寸:C0924 (2)门框或扇外围尺寸:900 mm×2400 mm (3)门框、扇材质:塑钢	m²	8.64
010807001005	金属(塑钢、断桥)窗 [项目特征] (1)窗代号及洞口尺寸:C1824 (2)门框或扇外围尺寸:1800 mm×2400 mm (3)门框、扇材质:塑钢	m²	17.28
011702002001	矩形柱 模板高度:3.6 m 以内	m²	213.4835
011702003001	构造柱 模板高度:3.6 m 以内	m²	43.9326
011702006001	矩形梁 模板高度:3.6 m 以内	m²	9.3463
011702008001	圈梁	m²	31.61
011702009001	过梁	m²	12.2573
011702013001	短肢剪力墙、电梯井壁 模板高度:3.6 m 以内	m²	61.325
011702014001	有梁板 模板高度:3.6 m 以内	m²	807.227
011702014001	有梁板 模板高度:3.6 m 以内	m²	15.2574
011702024001	楼梯	m²	16.25

五、总结拓展

两种层间复制方法的区别

从其他楼层复制构件图元:将其他楼层的构件图元复制到目标层,只能选择构件来控制复制范围。

复制选定图元到其他楼层:将选中的图元复制到目标层,可通过选择图元来控制复制范围。

题思考

飘窗是否计算建筑面积?

4.2 三层工程量计算

通过本节的学习,你将能够:
掌握层间复制图元的两种方法。

一、任务说明

①使用层间复制方法完成三层柱、梁、板、墙体、门窗的做法套用及图元绘制。
②查找三层、二层与首层的不同部分,对不同部分进行修正。
③汇总计算,统计三层柱、梁、板、墙体、门窗的工程量。

二、任务分析

①对比三层与首层、二层的柱、梁、板、墙体、门窗有哪些不同,分别从名称、尺寸、位置、做法 4 个方面进行对比。
②从其他楼层复制构件图元与复制选定图元到其他楼层有什么不同?

三、任务实施

1)分析图纸

(1)分析框架柱

分析结施-04,三层框架柱和二层框架柱相比,截面尺寸、混凝土强度等级没有差别,与钢筋信息一样,只有标高不一样。

(2)分析梁

分析结施-06,三层梁和首层梁信息一样。

(3)分析板

分析结施-10,三层板和首层板信息一样。

(4)分析墙

分析建施-05,三层砌体与二层的基本相同。

(5)分析门窗

分析建施-05,三层门窗与二层的基本相同。

2)画法讲解

(1)从其他楼层复制图元

在三层中,选择"从其他层复制",源楼层选择"第2层",图元选择"柱、墙、门窗洞、楼梯",目标楼层选择"第3层",单击"确定"按钮,弹出"图元复制成功"提示框,如图 4.15 所示。

图 4.15

(2)继续从其他楼层复制图元

在三层中,选择"从其他层复制"图元,源楼层选择"首层",图元选择"梁、板",目标楼层选择"第3层",单击"确定"按钮,弹出"图元复制成功"提示框,如图 4.16 所示。

图 4.16

通过上述两步即可完成三层图元的全部绘制。

四、任务结果

汇总计算,统计三层清单、定额工程量,见表4.2。

表 4.2 三层清单、定额工程量

编码	项目名称	单位	工程量
010402001001	砌块墙 [项目特征] (1)砖品种、规格、强度等级:250 mm 厚加气混凝土砌块 (2)墙体类型:外墙 (3)砂浆强度等级、配合比:干混砌筑砂浆 DM M10 (4)砌筑高度:3.6 m 以内	m³	42.6764
010402001002	砌块墙 [项目特征] (1)砖品种、规格、强度等级:200 mm 厚加气混凝土砌块 (2)墙体类型:内墙 (3)砂浆强度等级、配合比:干混砌筑砂浆 DM M10 (4)砌筑高度:3.6 m 以内	m³	71.0843
010502001001	矩形柱 [项目特征] (1)混凝土种类:商品混凝土 (2)混凝土强度等级:C30	m³	29.628
010502002001	构造柱 [项目特征] (1)混凝土种类:商品混凝土 (2)混凝土强度等级:C25	m³	3.9311
010503002001	矩形梁 [项目特征] (1)混凝土种类:商品混凝土 (2)混凝土强度等级:C30	m³	0.8794
010503004001	圈梁 [项目特征] (1)混凝土种类:商品混凝土 (2)混凝土强度等级:C25	m³	4.0109

续表

编码	项目名称	单位	工程量
010503005001	过梁 [项目特征] (1)混凝土种类:商品混凝土 (2)混凝土强度等级:C25	m³	0.792
010504001001	直形墙 [项目特征] (1)混凝土种类:商品混凝土 (2)混凝土强度等级:C30	m³	6.1204
010505001001	有梁板 [项目特征] (1)混凝土种类:商品混凝土 (2)混凝土强度等级:C30	m³	110.2184
010505001002	有梁板 [项目特征] (1)混凝土种类:商品混凝土 (2)混凝土强度等级:C30	m³	1.6824
010506001001	直形楼梯 [项目特征] (1)混凝土种类:商品混凝土 (2)混凝土强度等级:C30	m²	16.25
010801002001	木质门带套 [项目特征] (1)门代号及洞口尺寸:M1021 (2)门框或扇外围尺寸:1000 mm×2100 mm (3)门框、扇材质:木质复合门	樘	22
010807001001	金属(塑钢、断桥)窗 [项目特征] (1)窗代号及洞口尺寸:C1524 (2)门框或扇外围尺寸:1500 mm×2400 mm (3)门框、扇材质:塑钢	m²	7.2

编码	项目名称	单位	工程量
010807001002	金属(塑钢、断桥)窗 [项目特征] (1)窗代号及洞口尺寸:C2424 (2)门框或扇外围尺寸:2400 mm×2400 mm (3)门框、扇材质:塑钢	m²	17.28
010807001003	金属(塑钢、断桥)窗 [项目特征] (1)窗代号及洞口尺寸:C1624 (2)门框或扇外围尺寸:1600 mm×2400 mm (3)门框、扇材质:塑钢	m²	7.68
010807001004	金属(塑钢、断桥)窗 [项目特征] (1)窗代号及洞口尺寸:C0924 (2)门框或扇外围尺寸:900 mm×2400 mm (3)门框、扇材质:塑钢	m²	8.64
010807001005	金属(塑钢、断桥)窗 [项目特征] (1)窗代号及洞口尺寸:C1824 (2)门框或扇外围尺寸:1800 mm×2400 mm (3)门框、扇材质:塑钢	m²	17.28
010807001006	金属(塑钢、断桥)窗 [项目特征] (1)窗代号及洞口尺寸:C5027 (2)门框或扇外围尺寸:5000 mm×2700 mm (3)门框、扇材质:塑钢	m²	13.5
011702002001	矩形柱 模板高度:3.6 m 以内	m²	213.5975
011702003001	构造柱 模板高度:3.6 m 以内	m²	43.9326
011702006001	矩形梁 模板高度:3.6 m 以内	m²	9.3463
011702008001	圈梁	m²	31.61
011702009001	过梁	m²	12.2573

续表

编码	项目名称	单位	工程量
011702013001	短肢剪力墙、电梯井壁 模板高度:3.6 m 以内	m²	61.325
011702014001	有梁板 模板高度:3.6 m 以内	m²	15.2574
011702014002	有梁板 模板高度:3.6 m 以内	m²	779.616
011702024001	楼梯	m²	16.25

五、总结拓展

图元存盘及图元提取的使用方法和层间复制功能都能满足快速完成绘图的要求。请自行对比使用方法。

题思考

分析在进行图元存盘及图元提取操作时,选择基准点有哪些用途?

5 四层、屋面层工程量计算

通过本章的学习,你将能够:
(1)掌握批量选择构件图元的方法;
(2)掌握批量删除的方法;
(3)掌握女儿墙、压顶、屋面的属性定义和绘制方法;
(4)统计四层、屋面层构件图元的工程量。

5.1 四层工程量计算

通过本节的学习,你将能够:
(1)巩固层间复制的方法;
(2)调整四层构件属性及图元绘制;
(3)掌握屋面框架梁的属性定义和绘制。

一、任务说明
①使用层间复制方法完成四层柱、墙体、门窗的做法套用及图元绘制。
②查找四层与三层的不同部分,将不同部分进行修正。
③四层梁和板与其他层信息不一致,需重新定义和绘制。
④汇总计算,统计四层柱、梁、板、墙体、门窗的工程量。

二、任务分析
①对比三层与四层的柱、墙体、门窗都有哪些不同,分别从名称、尺寸、位置、做法4个方面进行对比。
②从其他楼层复制构件图元与复制选定图元到其他楼层有什么不同?

三、任务实施
1)分析图纸
(1)分析框架柱
分析结施-04,三层和四层的框架柱信息是一样的。

(2)分析框架梁

分析结施-08,四层框架梁为屋面框架梁。

(3)分析板

分析结施-12,④~⑤轴、ⓒ~ⓓ轴的板构件和板钢筋信息与其他层不同。

(4)分析墙

分析建施-06、建施-07,三层砌体与四层砌体基本相同。

(5)分析门窗

分析建施-06、建施-07,三层门窗与四层门窗基本相同。

2)画法讲解

(1)从其他楼层复制图元

在四层,选择"从其他楼层复制图元",源楼层选择"第 3 层",图元选择"柱、墙、门窗洞",目标楼层选择"第 4 层",单击"确定"按钮,如图 5.1 所示。

图 5.1

将三层柱复制到第四层,其中 GBZ1 和 GBZ2 信息修改如图 5.2 和图 5.3 所示。

(2)四层梁的属性定义

四层梁为屋面框架梁,其属性定义如图 5.4—图 5.15 所示。

四层梁的绘制方法同首层梁。板和板钢筋绘制方法同首层。用层间复制的方法,把第 3 层的墙、门窗洞口复制到第 4 层。所有构件要添加清单和定额。方法同首层。

柱的修改:顶层柱要"判断边角柱",可使用"判断边角柱"功能,如图 5.16 所示。

图 5.2

图 5.3

图 5.4

	属性名称	属性值	附加
1	名称	WKL2(2)	
2	结构类别	屋面框架梁	☐
3	跨数量	2	☐
4	截面宽度(mm)	300	☐
5	截面高度(mm)	600	☐
6	轴线距梁左边	(150)	⬋
7	箍筋	Φ10@100/200(2)	☐
8	肢数	2	
9	上部通长筋	2Φ25	☐
10	下部通长筋		☐
11	侧面构造或受…	G2Φ12	☐
12	拉筋	(Φ6)	☐
13	定额类别	有梁板	☐
14	材质	现浇混凝土	☐
15	混凝土类型	(碎石混凝土 坍落度…	☐
16	混凝土强度等级	C30	☐
17	混凝土外加剂	(无)	
18	泵送类型	(混凝土泵)	
19	泵送高度(m)		
20	截面周长(m)	1.8	☐
21	截面面积(m²)	0.18	☐
22	起点顶标高(m)	层顶标高	☐
23	终点顶标高(m)	层顶标高	☐
24	备注		☐
25	⊞ 钢筋业务属性		
35	⊞ 土建业务属性		
43	⊞ 显示样式		

图 5.5

	属性名称	属性值	附加
1	名称	WKL3(3)	
2	结构类别	屋面框架梁	☐
3	跨数量	3	☐
4	截面宽度(mm)	250	☐
5	截面高度(mm)	500	☐
6	轴线距梁左边	(125)	☐
7	箍筋	Φ10@100/200(2)	☐
8	肢数	2	
9	上部通长筋	2Φ22	☐
10	下部通长筋		☐
11	侧面构造或受…	G2Φ12	☐
12	拉筋	(Φ6)	☐
13	定额类别	有梁板	☐
14	材质	现浇混凝土	☐
15	混凝土类型	(碎石混凝土 坍…	☐
16	混凝土强度等级	C30	☐
17	混凝土外加剂	(无)	
18	泵送类型	(混凝土泵)	
19	泵送高度(m)		
20	截面周长(m)	1.5	☐
21	截面面积(m²)	0.125	☐
22	起点顶标高(m)	层顶标高	☐
23	终点顶标高(m)	层顶标高	☐
24	备注		☐
25	⊞ 钢筋业务属性		
35	⊞ 土建业务属性		
43	⊞ 显示样式		

图 5.6

	属性名称	属性值	附加
1	名称	WKL4(1)	
2	结构类别	屋面框架梁	☐
3	跨数量	1	☐
4	截面宽度(mm)	300	☐
5	截面高度(mm)	600	☐
6	轴线距梁左边	(150)	☐
7	箍筋	Φ10@100/200(2)	☐
8	肢数	2	
9	上部通长筋	2Φ25	☐
10	下部通长筋		☐
11	侧面构造或受…	G2Φ12	☐
12	拉筋	(Φ6)	☐
13	定额类别	有梁板	☐
14	材质	现浇混凝土	☐
15	混凝土类型	(碎石混凝土 坍…	☐
16	混凝土强度等级	C30	☐
17	混凝土外加剂	(无)	
18	泵送类型	(混凝土泵)	
19	泵送高度(m)		
20	截面周长(m)	1.8	☐
21	截面面积(m²)	0.18	☐
22	起点顶标高(m)	层顶标高	☐
23	终点顶标高(m)	层顶标高	☐
24	备注		☐
25	⊞ 钢筋业务属性		
35	⊞ 土建业务属性		
43	⊞ 显示样式		

图 5.7

	属性名称	属性值	附加
1	名称	WKL5(3)	
2	结构类别	屋面框架梁	☐
3	跨数量	3	☐
4	截面宽度(mm)	300	☐
5	截面高度(mm)	500	☐
6	轴线距梁左边...	(150)	☐
7	箍筋	Φ10@100/200(2)	☐
8	胶数	2	
9	上部通长筋	2Φ25	☐
10	下部通长筋		☐
11	侧面构造或受...	G2Φ12	☐
12	拉筋	(Φ6)	☐
13	定额类别	有梁板	☐
14	材质	现浇混凝土	☐
15	混凝土类型	(碎石混凝土 坍...	☐
16	混凝土强度等级	C30	☐
17	混凝土外加剂	(无)	
18	泵送类型	(混凝土泵)	
19	泵送高度(m)		
20	截面周长(m)	1.6	☐
21	截面面积(m²)	0.15	☐
22	起点顶标高(m)	层顶标高	☐
23	终点顶标高(m)	层顶标高	☐
24	备注		☐
25	⊞ 钢筋业务属性		
35	⊞ 土建业务属性		
43	⊞ 显示样式		

图 5.8

	属性名称	属性值	附加
1	名称	WKL6(7)	
2	结构类别	屋面框架梁	☐
3	跨数量	7	☐
4	截面宽度(mm)	300	☐
5	截面高度(mm)	600	☐
6	轴线距梁左边...	(150)	☐
7	箍筋	Φ10@100/200(2)	☐
8	胶数	2	
9	上部通长筋	2Φ25	☐
10	下部通长筋		☐
11	侧面构造或受...	G2Φ12	☐
12	拉筋	(Φ6)	☐
13	定额类别	有梁板	☐
14	材质	现浇混凝土	☐
15	混凝土类型	(碎石混凝土 坍...	☐
16	混凝土强度等级	C30	☐
17	混凝土外加剂	(无)	
18	泵送类型	(混凝土泵)	
19	泵送高度(m)		
20	截面周长(m)	1.8	☐
21	截面面积(m²)	0.18	☐
22	起点顶标高(m)	层顶标高	☐
23	终点顶标高(m)	层顶标高	☐
24	备注		☐
25	⊞ 钢筋业务属性		
35	⊞ 土建业务属性		
43	⊞ 显示样式		

图 5.9

	属性名称	属性值	附加
1	名称	WKL7(3)	
2	结构类别	屋面框架梁	☐
3	跨数量	3	☐
4	截面宽度(mm)	300	☐
5	截面高度(mm)	600	☐
6	轴线距梁左边...	(150)	☐
7	箍筋	Φ10@100/200(2)	☐
8	胶数	2	
9	上部通长筋	2Φ25	☐
10	下部通长筋		☐
11	侧面构造或受...	G2Φ12	☐
12	拉筋	(Φ6)	☐
13	定额类别	有梁板	☐
14	材质	现浇混凝土	☐
15	混凝土类型	(碎石混凝土 坍...	☐
16	混凝土强度等级	C30	☐
17	混凝土外加剂	(无)	
18	泵送类型	(混凝土泵)	
19	泵送高度(m)		
20	截面周长(m)	1.8	☐
21	截面面积(m²)	0.18	☐
22	起点顶标高(m)	层顶标高	☐
23	终点顶标高(m)	层顶标高	☐
24	备注		☐
25	⊞ 钢筋业务属性		
35	⊞ 土建业务属性		
43	⊞ 显示样式		

图 5.10

	属性名称	属性值	附加
1	名称	WKL8(1)	
2	结构类别	屋面框架梁	☐
3	跨数量	1	☐
4	截面宽度(mm)	300	☐
5	截面高度(mm)	600	☐
6	轴线距梁左边...	(150)	☐
7	箍筋	Φ10@100/200(2)	☐
8	胶数	2	
9	上部通长筋	2Φ25	☐
10	下部通长筋		☐
11	侧面构造或受...	G2Φ12	☐
12	拉筋	(Φ6)	☐
13	定额类别	有梁板	☐
14	材质	现浇混凝土	☐
15	混凝土类型	(碎石混凝土 坍...	☐
16	混凝土强度等级	C30	☐
17	混凝土外加剂	(无)	
18	泵送类型	(混凝土泵)	
19	泵送高度(m)		
20	截面周长(m)	1.8	☐
21	截面面积(m²)	0.18	☐
22	起点顶标高(m)	层顶标高	☐
23	终点顶标高(m)	层顶标高	☐
24	备注		☐
25	⊞ 钢筋业务属性		
35	⊞ 土建业务属性		
43	⊞ 显示样式		

图 5.11

	属性名称	属性值	附加
1	名称	WKL9(3)	
2	结构类别	屋面框架梁	
3	跨数量	3	
4	截面宽度(mm)	300	
5	截面高度(mm)	600	
6	轴线距梁左边...	(150)	
7	箍筋	Φ10@100/200(2)	
8	胶数	2	
9	上部通长筋	2Φ25	
10	下部通长筋		
11	侧面构造或受...	G2Φ12	
12	拉筋	(Φ6)	
13	定额类别	有梁板	
14	材质	现浇混凝土	
15	混凝土类型	(碎石混凝土 坍...	
16	混凝土强度等级	C30	
17	混凝土外加剂	(无)	
18	泵送类型	(混凝土泵)	
19	泵送高度(m)		
20	截面周长(m)	1.8	
21	截面面积(m²)	0.18	
22	起点顶标高(m)	层顶标高	
23	终点顶标高(m)	层顶标高	
24	备注		
25	⊞ 钢筋业务属性		
35	⊞ 土建业务属性		
43	⊞ 显示样式		

图 5.12

	属性名称	属性值	附加
1	名称	WKL10(3)	
2	结构类别	屋面框架梁	
3	跨数量	3	
4	截面宽度(mm)	300	
5	截面高度(mm)	600	
6	轴线距梁左边...	(150)	
7	箍筋	Φ10@100/200(2)	
8	胶数	2	
9	上部通长筋	2Φ25	
10	下部通长筋		
11	侧面构造或受...	G2Φ12	
12	拉筋	(Φ6)	
13	定额类别	有梁板	
14	材质	现浇混凝土	
15	混凝土类型	(碎石混凝土 坍...	
16	混凝土强度等级	C30	
17	混凝土外加剂	(无)	
18	泵送类型	(混凝土泵)	
19	泵送高度(m)		
20	截面周长(m)	1.8	
21	截面面积(m²)	0.18	
22	起点顶标高(m)	层顶标高	
23	终点顶标高(m)	层顶标高	
24	备注		
25	⊞ 钢筋业务属性		
35	⊞ 土建业务属性		
43	⊞ 显示样式		

图 5.13

	属性名称	属性值	附加
1	名称	KL10a(3)	
2	结构类别	楼层框架梁	
3	跨数量	3	
4	截面宽度(mm)	300	
5	截面高度(mm)	600	
6	轴线距梁左边...	(150)	
7	箍筋	Φ10@100/200(2)	
8	胶数	2	
9	上部通长筋	2Φ25	
10	下部通长筋		
11	侧面构造或受...	G2Φ12	
12	拉筋	(Φ6)	
13	定额类别	有梁板	
14	材质	现浇混凝土	
15	混凝土类型	(碎石混凝土 坍...	
16	混凝土强度等级	C30	
17	混凝土外加剂	(无)	
18	泵送类型	(混凝土泵)	
19	泵送高度(m)		
20	截面周长(m)	1.8	
21	截面面积(m²)	0.18	
22	起点顶标高(m)	层顶标高	
23	终点顶标高(m)	层顶标高	
24	备注		
25	⊞ 钢筋业务属性		
35	⊞ 土建业务属性		
43	⊞ 显示样式		

图 5.14

	属性名称	属性值	附加
1	名称	KL10b(1)	
2	结构类别	楼层框架梁	
3	跨数量	1	
4	截面宽度(mm)	300	
5	截面高度(mm)	600	
6	轴线距梁左边...	(150)	
7	箍筋	Φ10@100/200(2)	
8	胶数	2	
9	上部通长筋	2Φ25	
10	下部通长筋	2Φ25	
11	侧面构造或受...	G2Φ12	
12	拉筋	(Φ6)	
13	定额类别	有梁板	
14	材质	现浇混凝土	
15	混凝土类型	(碎石混凝土 坍...	
16	混凝土强度等级	C30	
17	混凝土外加剂	(无)	
18	泵送类型	(混凝土泵)	
19	泵送高度(m)		
20	截面周长(m)	1.8	
21	截面面积(m²)	0.18	
22	起点顶标高(m)	层顶标高	
23	终点顶标高(m)	层顶标高	
24	备注		
25	⊞ 钢筋业务属性		
35	⊞ 土建业务属性		
43	⊞ 显示样式		

图 5.15

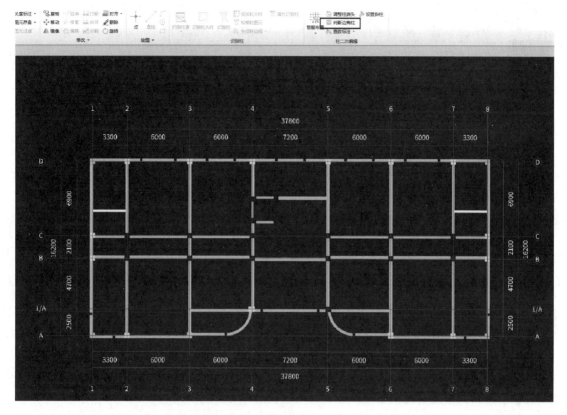

图 5.16

四、总结拓展

下面简单介绍几种在绘图界面查看工程量的方式。

①单击"查看工程量",选中要查看的构件图元,弹出"查看构件图元工程量"对话框,可以查看做法工程量、清单工程量和定额工程量。

②按"F3"键批量选择构件图元,然后单击"查看工程量",可以查看做法工程量、清单工程量和定额工程量。

③单击"查看计算式",选择单一图元,弹出"查看构件图元工程量计算式",可以查看此图元的详细计算式,还可利用"查看三维扣减图"查看详细工程量计算式。

问题思考

图元存盘及图元提取如何使用,有哪些优点?

5.2 **女儿墙、压顶、屋面的工程量计算**

通过本节的学习,你将能够:

(1)确定女儿墙高度、厚度,确定屋面防水的上卷高度;

(2)矩形绘制和点绘制屋面图元;

(3)图元的拉伸;

(4)统计本层女儿墙、女儿墙压顶、屋面的工程量。

一、任务说明

①完成女儿墙、屋面的工程量计算。

②汇总计算,统计屋面的工程量。

二、任务分析

①从哪张图中能够找到屋面做法? 都与哪些清单、定额相关?

②从哪张图中能够找到女儿墙的尺寸?

三、任务实施

1)分析图纸

(1)分析女儿墙及压顶

分析建施-12、建施-08,女儿墙的构造参见建施-08 节点 1,女儿墙墙厚 240 mm(以建施-08 平面图为准)。女儿墙墙身为砌块墙,压顶材质为混凝土,宽 300 mm,高 60 mm。

(2)分析屋面

分析建施-02,可知本层的屋面做法为屋面 1,防水上卷高度设计未指明,按照定额默认高度为 250 mm。

2)清单、定额计算规则学习

(1)清单计算规则学习

女儿墙、屋面清单计算规则,见表 5.1。

表 5.1　女儿墙、屋面清单计算规则

编号	项目名称	单位	计算规则
010401003	实心砖墙	m³	按设计图示尺寸以体积计算
010507005	扶手、压顶	m³	(1)以 m 计量,按设计图示的中心线以延长米计算 (2)以 m³ 计量,按设计图示尺寸以体积计算

（2）定额计算规则

女儿墙、屋面定额计算规则，见表5.2。

表5.2　女儿墙、屋面定额计算规则

编号	项目名称	单位	计算规则
A1-5	混水砖墙1砖	m³	按设计图示以体积计算。高度：从屋面板上表面算至女儿墙顶面（如有混凝土压顶时算至压顶下表面）
A2-53	现浇混凝土 扶手、压顶	m/m³	（1）以"m"计量，按设计图示的中心线以延长米计算 （2）以"m³"计量，按设计图示尺寸以体积计算
A16-140	扶手压顶胶合板模板木支撑	m³	按模板与扶手的接触面积计算
A6-52	改性沥青卷材 热熔法一层 平面	m²	屋面防水，按设计图示尺寸以面积计算（斜屋面按斜面面积计算），不扣除房上烟囱、风帽底座、风道、屋面小气窗和斜沟所占面积；屋面女儿墙、伸缩缝和天窗等处的弯起部分，按设计图示尺寸计算；设计无规定时，伸缩缝的弯起部分按250 mm计算，女儿墙、天窗的弯起部分按500 mm计算，计入立面工程量内
A9-10	整体面层 干混砂浆楼地面 混凝土或硬基层上20 mm	m²	楼地面找平层及整体面层按设计图示尺寸以面积计算。扣除凸出地面构筑物、设备基础、室内铁道、地沟等所占面积，不扣除间壁墙及单个面积≤0.3 m²柱、垛、附墙烟囱及孔洞所占面积。门洞、空圈、暖气包槽、壁龛的开口部分不增加面积
A7-15	屋面 水泥珍珠岩 厚度100 mm	m³	屋面保温隔热层工程量按设计图示尺寸以面积计算。扣除>0.3 m²孔洞所占面积。其他项目按设计图示尺寸以定额项目规定的计量单位计算
A7-37	屋面 硬泡聚氨酯现场喷发 厚度50 mm	m²	屋面保温隔热层工程量按设计图示尺寸以面积计算。扣除>0.3 m²孔洞所占面积。其他项目按设计图示尺寸以定额项目规定的计量单位计算

3）属性定义

（1）女儿墙的属性定义

女儿墙的属性定义同墙，在新建墙体时，名称命名为"女儿墙"，其属性定义如图5.17所示。

（2）屋面的属性定义

在导航树中选择"其他"→"屋面"，在"构件列表"中选择"新建"→"新建屋面"，在"属性编辑框"中输入相应的属性值，如图5.18所示。

图 5.17

（3）女儿墙压顶的属性定义

为方便钢筋信息输入，用圈梁代替压顶。在导航树中选择"圈梁"，在"构件列表"中选择"新建"→"新建圈梁"，修改名称为"压顶"，其属性定义如图 5.19 所示。修改相应钢筋信息，如图 5.20 所示。

图 5.18

图 5.19

图 5.20

4)做法套用

①女儿墙的做法套用,如图 5.21 所示。

	编码	类别	名称	项目特征	单位	工程量表达式	表达式说明	单价	综合单价	措施项目
1	⊟ 010401003	项	实心砖墙	1.砌块品种、规格、强度等级: 240厚蒸压灰砂砖 2.墙体类型: 女儿墙 3.砂浆强度等级: 干混砌筑砂浆DMM10 4.墙体高度: 3.6m以内	m3	TJ	TJ<体积>			☐
2	A1-5	定	混水砖墙 1砖		m3	TJ	TJ<体积>	4903.01		☐

图 5.21

②女儿墙的压顶做法套用,如图 5.22 所示。

🔲添加清单 🔲添加定额 🔹删除 🔍查询 ▾ 🔳项目特征 ƒx换算 ▾ 🔳做法刷 🔳做法查询 🔳提取做法 🔳当前构件自动套做法

	编码	类别	名称	项目特征	单位	工程量表达式	表达式说明	单价	综合单价	措施项目
1	⊟ 010507005	项	扶手、压顶	1.截面尺寸: 300*60 2.混凝土种类: 商品混凝土 3.混凝土强度等级: C25	m3	TJ	TJ<体积>			☐
2	A2-53	定	现浇混凝土 扶手、压顶		m3	TJ	TJ<体积>	5229.24		☐
3	⊟ 011702028	项	扶手	1.部位: 女儿墙压顶	m2	(113.613+110.246)*0.06+(113.013+110.76)*0.02	17.907			☑
4	A16-140	定	扶手压顶胶合板模板木支撑		m2	(113.613+110.246)*0.06+(113.013+110.76)*0.02	17.907	4863.17		☑

图 5.22

5)画法讲解

(1)直线绘制女儿墙

采用直线绘制女儿墙,因为是居中于轴线绘制的,所以女儿墙图元绘制完成后要对其进行偏移、延伸,把第四层的梁复制到本层,作为对齐的参照线,使女儿墙各段墙体封闭,然后删除梁。绘制好的图元如图 5.23 所示。

图 5.23

将楼层切换到第四层,选中电梯井周边的剪力墙和暗柱复制到屋面层。修改剪力墙顶标高,如图 5.24 所示。

新建剪力墙,修改名称为"屋面上人孔",其属性值如图 5.25 所示。

图 5.24

图 5.25

采用直线功能绘制屋面上人孔,如图 5.26 所示。

图 5.26

(2)绘制女儿墙压顶

用"智能布置"功能,选择"墙中心线",批量选中所有女儿墙,单击鼠标右键即可完成压顶的绘制,如图 5.27 所示。

图 5.27

(3)绘制屋面

采用"点"功能绘制屋面,如图 5.28 所示。

选中屋面,单击鼠标右键进行选择,"设置防水卷边",输入"250",单击"确定"按钮,如图 5.29 所示。

图 5.28

图 5.29

四、总结拓展

女儿墙位置外边线同其他楼层外墙外边线,在绘制女儿墙时,可先参照柱的外边线进行绘制,然后删除柱即可。

问题思考

构造柱的绘制可参考哪些方法?

6 地下一层工程量计算

通过本章的学习,你将能够:

(1)分析地下层要计算哪些构件;

(2)各构件需要计算哪些工程量;

(3)区别地下层构件与其他层构件的定义与绘制;

(4)计算并统计地下一层工程量。

6.1 地下一层柱的工程量计算

通过本节的学习,你将能够:

(1)分析本层归类到剪力墙的构件;

(2)统计本层柱的工程量。

一、任务说明

①完成地下一层柱的属性定义、做法套用及绘制。

②汇总计算,统计地下一层柱的工程量。

二、任务分析

①地下一层都有哪些需要计算的构件工程量?

②地下一层中有哪些柱构件不需要绘制?

三、任务实施

1)图纸分析

①分析结施-04,可以从柱表中得到地下室和首层柱信息相同。本层包括矩形框架柱及暗柱。

②YBZ1 和 YBZ2 包含在剪力墙里,算量时属于剪力墙内部构件的,归到剪力墙里,因此YBZ1 和 YBZ2 的混凝土量与模板工程量应归到剪力墙中。

2)定义与绘制

从首层复制柱到地下一层,如图 6.1 所示。

图 6.1

3)做法套用

地下一层框架柱的做法参考首层框架柱的做法。

地下一层柱 YBZ1 和 YBZ2 的做法,可将首层柱的做法利用"做法刷"或直接使用"Ctrl+C"复制,使用"Ctrl+V"粘贴即可,如图 6.2 所示。

图 6.2

四、任务结果

汇总计算,统计地下一层柱的清单、定额工程量,见表 6.1。

表 6.1 地下一层柱的清单、定额工程量

编码	项目名称	单位	工程量
010502001001	矩形柱 [项目特征] (1)混凝土种类:商品混凝土 (2)混凝土强度等级:C30	m³	32.097
A2-11	现浇混凝土 矩形柱	10 m³	3.2097

编码	项目名称	单位	工程量
011702002001	矩形柱 模板高度:3.6 m 以外	m²	252.72
A16-50	矩形柱 胶合板模板 钢支撑 3.6 m 以内	100 m²	2.5272
A16-60	柱支撑 高度超过 8 m,每增加 1 m 钢支撑	100 m²	0.1944
011702002002	矩形柱(梯柱) 模板高度:3.6 m 以内	m²	1.95
A16-50	矩形柱 胶合板模板 钢支撑 3.6 m 以内	100 m²	0.0195

五、总结拓展

在新建异形柱时,绘制异形柱需一次围成封闭区域。围成封闭区域后不能在该网格上绘制任何图形。

问题思考

图元存盘及图元提取如何使用,它们有哪些优点?

6.2 地下一层剪力墙的工程量计算

通过本节的学习,你将能够:
分析本层归类到剪力墙的构件。

一、任务说明

①完成地下一层剪力墙的属性定义及做法套用。
②绘制剪力墙图元。
③汇总计算,统计地下一层剪力墙的工程量。

二、任务分析

①地下一层剪力墙和首层有哪些不同?
②地下一层有哪些剪力墙构件不需要绘制?

三、任务实施

1)图纸分析

①分析结施-02,可以得到地下室墙体剪力墙信息。

②分析连梁:连梁是剪力墙的一部分。

③分析结施-02,剪力墙顶部有暗梁。

④分析结施-01(4)地下室外墙附加钢筋网片。

2)清单、定额计算规则的学习

(1)清单计算规则

混凝土墙清单计算规则,见表 6.2。

表 6.2 混凝土墙清单计算规则

编号	项目名称	单位	计算规则
010504001	直形墙	m^3	按设计图示尺寸以体积计算,扣除门窗洞口及单个面积>0.3 m^2 的孔洞所占体积,墙垛及凸出墙面部分并入墙体体积计算内
010504002	弧形墙		
010504004	挡土墙		

(2)定额计算规则

混凝土墙定额计算规则,见表 6.3。

表 6.3 混凝土墙定额计算规则

编号	项目名称	单位	计算规则
A2-24	现浇混凝土 直形墙 混凝土	m^3	按设计图示尺寸以体积计算,扣除门窗洞口及 0.3 m^2 以外孔洞所占体积,墙垛及凸出部分并入墙体积内计算。直形墙中门窗洞口上的梁并入墙体积;短肢剪力墙结构砌体内门窗洞口上的梁并入梁体积。墙与柱连接时墙算至柱边;墙与梁连接时墙算至梁底;墙与板连接时墙算至板底;未凸出墙面的暗梁暗柱并入墙体积
A2-28	现浇混凝土 电梯井壁 直形墙	m^3	

在结施-05 中,①轴线的剪力墙上有 LL2(1),连梁下方有墙洞,可参照首层的做法。

3)属性定义

①由结施-02 知,Q1、Q2 的相关信息如图 6.3—图 6.5 所示。

②新建外墙。在导航树中选择"墙"→"剪力墙",在"构件列表"中单击"新建"→"新建外墙",进入墙的属性定义界面,如图 6.6—图 6.8 所示。

直线绘制。其绘制方法同首层。

图 6.3 图 6.4

5.凡地下室外墙、水池池壁均在迎水面的砼保护层内增加为Φ4@150的单层双向钢筋网片,其钢筋网片保护层厚度为25mm,详图4。墙板中拉筋间距宜为板筋间距的倍数。

图 6.5

	属性名称	属性值	附加
1	名称	Q-1 (弧形)	
2	厚度(mm)	300	☐
3	轴线距左墙皮...	(150)	☐
4	水平分布钢筋	(2)Φ12@180	☐
5	垂直分布钢筋	(2)Φ14@150	☐
6	拉筋	Φ6@300*300	☐
7	材质	现浇混凝土	☐
8	混凝土类型	(碎石混凝土 坍落度30-50 石...	☐
9	混凝土强度等级	(C30)	☐
10	混凝土外加剂	(无)	
11	泵送类型	(混凝土泵)	
12	泵送高度(m)		
13	内/外墙标志	(外墙)	☑
14	类别	混凝土墙	☐
15	起点顶标高(m)	层顶标高	☐
16	终点顶标高(m)	层顶标高	☐
17	起点底标高(m)	层底标高	☐
18	终点底标高(m)	层底标高	☐
19	备注		☐
20	⊞ 钢筋业务属性		
33	⊞ 土建业务属性		
41	⊞ 显示样式		

图 6.6

属性列表 图层管理

	属性名称	属性值	附加
1	名称	Q-1	
2	厚度(mm)	300	☐
3	轴线距左墙皮...	(150)	☐
4	水平分布钢筋	(2)Φ12@180	☐
5	垂直分布钢筋	(2)Φ14@150	☐
6	拉筋	Φ6@300*300	☐
7	材质	现浇混凝土	☐
8	混凝土类型	(碎石混凝土 坍落度...	☐
9	混凝土强度等级	(C30)	☐
10	混凝土外加剂	(无)	☐
11	泵送类型	(混凝土泵)	
12	泵送高度(m)		
13	内/外墙标志	(外墙)	☑
14	类别	混凝土墙	☐
15	起点顶标高(m)	层顶标高	☐
16	终点顶标高(m)	层顶标高	☐
17	起点底标高(m)	层底标高	☐
18	终点底标高(m)	层底标高	☐
19	备注		☐
20	⊞ 钢筋业务属性		
33	⊞ 土建业务属性		
41	⊞ 显示样式		

图 6.7

图 6.8

4)做法套用

外墙做法套用如图 6.9—图 6.11 所示。

图 6.9

图 6.10

图 6.11

5)画法讲解

①用直线功能绘制即可,操作方法同首层。

②偏移,方法同首层。完成后如图 6.12 所示。

图 6.12

③暗梁。暗梁信息在结施-02 中,属性定义如图 6.13 所示。

图 6.13

用智能布置功能,选中剪力墙即可完成暗梁的绘制。

④连梁。剪力墙上有连梁,其属性信息如图 6.14 和图 6.15 所示。

| 第-1层 | ▾ | 梁 | ▾ | 连梁 | ▾ | LL2(1) | ▾ | 分层1 |

导航树	
构件列表	
▣ 常用构件类型	
▣ 轴线	🔲 新建 ▾ 📄 复制 🗑 删除 📑 层间复制
▣ 柱	搜索构件...
▣ 墙	▲ 连梁
▣ 门窗洞	LL1(1)
▣ 梁	**LL2(1)**

属性列表	图层管理
	属性名称	属性值	附加
1	名称	LL2(1)	
2	截面宽度(mm)	300	☐
3	截面高度(mm)	1050	☐
4	轴线距梁左边...	(150)	☐
5	全部纵筋		☐
6	上部纵筋	2Φ20	☐
7	下部纵筋	2Φ20	☐
8	箍筋	Φ10@100/200(2)	☐
9	胶数	2	☐
10	拉筋	(Φ6)	☐
11	侧面纵筋(总配...	GΦ12@200	☐
12	材质	现浇混凝土	☐
13	混凝土类型	(碎石混凝土 坍落度...	☐
14	混凝土强度等级	(C30)	☐
15	混凝土外加剂	(无)	☐
16	泵送类型	(混凝土泵)	☐
17	泵送高度(m)		
18	截面周长(m)	2.7	☐
19	截面面积(m²)	0.315	☐

梁的导航树:
- 梁(L)
- 连梁(G)
- 圈梁(E)
- 板
- 楼梯
- 装修
- 土方
- 基础
- 其他
- 自定义

图 6.14

属性列表	图层管理
	属性名称	属性值	附加
1	名称	LL1(1)	
2	截面宽度(mm)	200	☐
3	截面高度(mm)	1000	☐
4	轴线距梁左边...	(100)	☐
5	全部纵筋		☐
6	上部纵筋	4Φ22	☐
7	下部纵筋	4Φ22	☐
8	箍筋	Φ10@100(2)	☐
9	胶数	2	☐
10	拉筋	(Φ6)	☐
11	侧面纵筋(总配...	GΦ12@200	☐
12	材质	现浇混凝土	☐
13	混凝土类型	(碎石混凝土 坍落度...	☐
14	混凝土强度等级	(C30)	☐
15	混凝土外加剂	(无)	☐
16	泵送类型	(混凝土泵)	☐
17	泵送高度(m)		
18	截面周长(m)	2.4	☐
19	截面面积(m²)	0.2	☐
20	起点顶标高(m)	层顶标高	☐
21	终点顶标高(m)	层顶标高	☐
22	备注		☐
23	⊞ 钢筋业务属性		
41	⊞ 土建业务属性		
46	⊞ 显示样式		

图 6.15

在相应位置用直线功能绘制即可,完成后如图 6.16 所示。

图 6.16

四、任务结果

汇总计算,统计地下一层剪力墙的清单、定额工程量,见表6.4。

表 6.4　地下一层剪力墙的清单、定额工程量

编码	项目名称	单位	工程量
010504001001	直形墙 C30 [项目特征] (1)混凝土种类:商品混凝土(防水混凝土) (2)混凝土强度等级:C30 P6	m^3	125.6775
A2-24	现浇混凝土 直形墙 混凝土	10 m^3	12.56775
010504002001	弧形墙 [项目特征] (1)混凝土种类:商品混凝土(防水混凝土) (2)混凝土强度等级:C30 P6	m^3	8.0518
A2-25	现浇混凝土 弧形混凝土墙	10 m^3	0.80518
010504001002	直形墙 C30 [项目特征] (1)混凝土种类:商品混凝土 (2)混凝土强度等级:C30	m^3	5.382
A2-24	现浇混凝土 直形墙 混凝土	10 m^3	0.5382
010504001003	直形墙 C30(电梯井壁) [项目特征] (1)混凝土种类:商品混凝土 (2)混凝土强度等级:C30	m^3	6.694
A2-28	现浇混凝土 电梯井壁直形墙	10 m^3	0.6694
011702011001	直形墙 模板高度:3.6 m 以外	m^2	477.7496
A16-85	地下室外墙 胶合板模板 3.6 m 以内钢支撑	100 m^2	4.777496
A16-94	墙支撑高度超过 3.6 m,每增加 1 m 钢支撑	100 m^2	3.444485
011702012001	弧形墙 模板高度:3.6 m 以外 人工乘以系数 1.2,模板乘以系数 1.15	m^2	25.0006
A16-86	弧形墙 木模板 3.6 m 以内钢支撑	100 m^2	0.250006

续表

编码	项目名称	单位	工程量
A16-94	墙支撑高度超过 3.6 m,每增加 1 m 钢支撑	100 m^2	0.176286
011702013001	短肢剪力墙、电梯井壁 模板高度:3.6 m 以外	m^2	68.32
A16-91	电梯井壁胶合板模板 3.6 m 以内钢支撑	100 m^2	0.6832
A16-94	墙支撑高度超过 3.6 m,每增加 1 m 钢支撑	100 m^2	0.2867

五、总结拓展

地下一层剪力墙的中心线和轴线位置不重合,如果每段墙体都采用"修改轴线距边的距离"比较麻烦。而图纸中显示剪力墙的外边线和柱的外边线平齐,因此,可先在轴线上绘制剪力墙,然后使用"单对齐"功能将墙的外边线和柱的外边线对齐即可。

问题思考

结合软件,分析剪力墙钢筋的锚固方式是怎样的。

6.3 地下一层梁、板、砌体墙的工程量计算

通过本节的学习,你将能够:
统计本层梁、板及砌体墙的工程量。

一、任务说明

①完成地下一层梁、板及砌体墙的属性定义、做法套用及绘制。
②汇总计算,统计地下一层梁、板及砌体墙的工程量。

二、任务分析

地下一层梁、板及砌体墙和首层有什么不同?

三、任务实施

①分析结施-05 和结施-06,地下一层梁和首层梁基本相同,在⑧轴④~⑤轴处原位标注信息不同。
②分析结施-09 可得到板的信息。

③分析建施-03可得到砌体墙的信息。

地下一层梁、板及砌体墙的属性定义与做法套用等同首层梁、板及砌体墙的操作方法。

四、任务结果

汇总计算,统计地下一层梁、板及砌体墙的清单、定额工程量,见表6.5。

表6.5 地下一层梁、板及砌体墙的清单、定额工程量

编码	项目名称	单位	工程量
010402001001	砌块墙 ［项目特征］ (1)砖品种、规格、强度等级:200 mm厚加气混凝土砌块 (2)墙体类型:内墙 (3)砂浆强度等级、配合比:干混砌筑砂浆 DM M10 (4)砌筑高度:3.6 m以内	m³	96.5786
A1-32	蒸压加气混凝土砌块墙 墙厚>150 mm 砂浆	10 m³	9.65786
010402001002	砌块墙 ［项目特征］ (1)砖品种、规格、强度等级:300 mm厚加气混凝土砌块 (2)墙体类型:内墙 (3)砂浆强度等级、配合比:干混砌筑砂浆 DM M10 (4)砌筑高度:超过3.6 m以内	m³	3.264
A1-32	蒸压加气混凝土砌块墙 墙厚>150 mm 砂浆	10 m³	0.3264
010503002001	矩形梁 ［项目特征］ (1)混凝土种类:商品混凝土 (2)混凝土强度等级:C30	m³	0.776
A2-17	现浇混凝土 矩形梁	100 m³	0.0776
010505001001	有梁板 ［项目特征］ (1)混凝土种类:商品混凝土(防水混凝土) (2)混凝土强度等级:C30 P6	m³	98.5332
A2-30	现浇混凝土 有梁板	10 m³	9.87892
011702006002	矩形梁 模板高度:3.6 m以外	m²	9.448
A16-68	矩形梁 胶合板模板 3.6 m以内钢支撑	100 m²	0.09448
A16-78	梁支撑 高度超过3.6 m,每增加1 m钢支撑	100 m²	0.01948

续表

编码	项目名称	单位	工程量
011702014001	有梁板 模板高度:3.6 m 以外	m²	695.8788
A16-101	有梁板胶合板模板 3.6 m 以内钢支撑	100 m²	6.958788
A16-125	板支撑高度超过 3.6 m,每增加 1 m 钢支撑	100 m²	5.62264

五、总结拓展

结合清单定额规范,套取相应的定额子目时注意超高部分量的提取。

如何计算框架间墙的长度?

6.4 地下一层门洞口、过梁的工程量计算

通过本节的学习,你将能够:
统计地下一层门洞口、过梁的工程量。

一、任务说明

①完成地下一层门洞口、过梁的属性定义、做法套用及绘制。
②汇总计算,统计地下一层门洞口、过梁的工程量。

二、任务分析

①地下一层门洞口、过梁和首层有什么不同?
②地下一层中有哪些剪力墙构件不需要绘制?

三、任务实施

1)图纸分析

分析结施-03,可得到地下室门洞口信息。

2)门洞口属性定义及做法套用

门洞口属性定义及做法套用同首层。

四、任务结果

汇总计算,统计地下一层门洞口、过梁的清单、定额工程量,见表 6.6。

表 6.6 地下一层门洞口、过梁的清单、定额工程量

编码	项目名称	单位	工程量
010503005001	过梁 ［项目特征］ (1)混凝土种类:商品混凝土 (2)混凝土强度等级:C25	m³	0.9312
A2-20	现浇混凝土 过梁	10 m³	0.09312
010801002001	木质门带套 ［项目特征］ (1)门代号及洞口尺寸:M1021 (2)门框或扇外围尺寸:1000 mm×2100 mm (3)门框、扇材质:木质复合门	樘	18
A5-3	带门套成品装饰平开复合木门 单开	樘	18
010802003001	钢质防火门 ［项目特征］ (1)门代号及洞口尺寸:FM甲1121 (2)门框或扇外围尺寸:1100 mm×2100 mm (3)门框、扇材质:乙级钢质防火门	m²	2.31
A5-22	钢质防火门安装	100 m²	0.0231
010802003002	钢质防火门 ［项目特征］ (1)门代号及洞口尺寸:FM甲1021 (2)门框或扇外围尺寸:1000 mm×2100 mm (3)门框、扇材质:甲级钢质防火门	m²	4.2
A5-22	钢质防火门安装	100 m²	0.042
010807001003	金属(塑钢、断桥)窗 ［项目特征］ (1)窗代号及洞口尺寸:C1624 (2)门框或扇外围尺寸:1600 mm×2400 mm (3)门框、扇材质:塑钢	m²	7.68
A5-92	塑钢成品窗安装 推拉	100 m²	0.0768

续表

编码	项目名称	单位	工程量
011702009001	过梁	m²	13.8008
A16-74	过梁 胶合板模板 3.6 m 以内钢支撑	100 m²	0.13800

五、总结拓展

结合清单定额规范,套取相应的定额子目时注意超高部分量的提取。

 题思考

门洞口与墙体间的相互扣减关系是怎样的?

7 基础层工程量计算

通过本章的学习,你将能够:
(1)分析基础层需要计算的内容;
(2)定义独立基础、垫层、止水板、土方等构件;
(3)统计基础层工程量。

7.1 独立基础、垫层、止水板的定义与绘制

通过本节的学习,你将能够:
(1)依据定额、清单分析独立基础、垫层、止水板的计算规则,确定计算内容;
(2)定义独立基础、垫层、止水板;
(3)绘制独立基础、垫层、止水板;
(4)统计独立基础、垫层、止水板的工程量。

一、任务说明
①完成独立基础、垫层、止水板的属性定义、做法套用及绘制。
②汇总计算,统计独立基础、垫层、止水板的工程量。

二、任务分析
①基础层有哪些需要计算的构件工程量?
②独立基础、垫层、止水板如何定义和绘制?

三、任务实施
1)分析图纸

①由结施-03可知,本工程为独立基础,混凝土强度等级为C30,独立基础顶标高为止水板顶标高(-3.95 m)。

②由结施-03可知,本工程基础垫层为100 mm厚的混凝土,顶标高为基础底标高,出边距离为100 mm。

③由结施-03可知,基础部分止水板的厚度为350 mm,止水板采用筏板基础进行处理。

2)清单、定额计算规则学习

(1)清单计算规则学习

独立基础、垫层、止水板清单计算规则,见表7.1。

表 7.1　独立基础、垫层、止水板清单计算规则

编号	项目名称	单位	计算规则
010501003	独立基础	m³	按设计图示尺寸以体积计算。不扣除构件内钢筋、预埋铁件和伸入承台基础的桩头所占体积
010501001	垫层		按设计图示尺寸以体积计算
010501004	满堂基础		按设计图示尺寸以体积计算。不扣除伸入承台基础的桩头所占体积

(2)定额计算规则学习

独立基础、垫层、止水板定额计算规则,见表7.2。

表 7.2　独立基础、垫层、止水板定额计算规则

编号	项目名称	单位	计算规则
A2-5	现浇混凝土 独立基础 混凝土	m³	按设计图示尺寸以体积计算,局部加深部分并入满堂基础体积内
A16-19	独立基础 胶合板模板 木支撑	m²	按模板与混凝土的接触面积计算
A2-1	现浇混凝土 垫层	m³	按设计图示尺寸以体积计算
A16-1	基础垫层 胶合板模板	m²	按模板与混凝土的接触面积计算
A2-7	现浇混凝土 满堂基础 有梁式	m³	按设计图示以体积计算。不扣除构件内钢筋、螺栓、预埋铁件及单个面积0.3 m²以内的孔洞所占体积
A16-28	满堂基础 有梁式 胶合板模板 钢支撑	m²	按模板与混凝土的接触面积计算

3)构件属性定义

(1)独立基础属性定义

独立基础属性定义(以 JC-1 为例),如图7.1所示。

新建独立基础后,单击鼠标右键,新建矩形独立基础单元,其属性定义如图7.2所示。

图 7.1　　　　　　　　　　　　　　　图 7.2

（2）止水板属性定义

新建筏板基础,修改其名称为止水板,其属性如图 7.3 所示。

图 7.3

(3)垫层属性定义

新建面式垫层,垫层的属性定义,如图 7.4 所示。

图 7.4

4)做法套用

(1)独立基础

独立基础的做法套用,如图 7.5 所示。

图 7.5

其他独立基础清单的做法套用相同,可采用"做法刷"功能完成做法套用,如图 7.6 所示。

图 7.6

（2）止水板

止水板的做法套用，如图 7.7 所示。

	编码	类别	名称	项目特征	单位	工程量表达式	表达式说明	单价	综合单价	措施项目
1	010501004	项	满堂基础	1.混凝土种类:商品混凝土(防水混凝土) 2.混凝土强度等级:C30P6	m3	TJ	TJ<体积>			
2	A2-7	定	现浇混凝土 满堂基础 有梁式		m3	TJ	TJ<体积>	3962.82		
3	011702001	项	基础	1.基础类型:满堂基础	m2	MBMJ	MBMJ<模板面积>			☑
4	A16-28	定	满堂基础 有梁式 胶合板模板 钢支撑		m2	MBMJ	MBMJ<模板面积>	4033.23		☑

图 7.7

（3）垫层

垫层的做法套用，如图 7.8 所示。

	编码	类别	名称	项目特征	单位	工程量表达式	表达式说明	单价	综合单价	措施项
1	010501001	项	垫层	1.混凝土种类:商品混凝土 2.混凝土强度等级:C15	m3	TJ	TJ<体积>			
2	A2-1	定	现浇混凝土 垫层		m3	TJ	TJ<体积>	3944.25		
3	011702001	项	基础	1.基础类型:垫层	m2	MBMJ	MBMJ<模板面积>			☑
4	A16-1	定	基础垫层 胶合板模板		m2	MBMJ	MBMJ<模板面积>	4720.54		☑

图 7.8

5）画法讲解

（1）独立基础

独立基础在绘制前，需先建好独立基础，然后在其后建好独立基础单元，用参数化独立基础设置方法选择独立基础，按图纸要求修改尺寸，最后以"点"画的方式完成，绘制方法同柱。

（2）筏板基础

①止水板用矩形功能绘制，用鼠标左键单击①/⑩轴交点，再在⑧/④轴交点处单击左键即可完成，如图 7.9 所示。

图 7.9

②由结施-02 可知,止水板左右侧外边线距轴线尺寸为 2200 mm,上下侧外边线距轴线尺寸为 2700 mm,选中止水板,鼠标右键单击"偏移",鼠标移动至止水板的外侧输入 2200 mm,按"Enter"键;再次选中止水板,单边偏移尺寸为 500 mm,即可完成止水板的绘制。在独立基础 JC-7 处是没有止水板的,用"分割"功能沿着独立基础的边线分割即可完成,如图 7.10—图 7.12 所示。

图 7.10

图 7.11

图 7.12

止水板内钢筋操作方法与板钢筋类似。

新建筏板主筋,修改钢筋信息如图 7.13 和图 7.14 所示。鼠标左键单击止水板即可完成钢筋布置。

③垫层在独立基础下方,属于面式构件,选择"智能布置"→"独立基础",在弹出的对话框中输入出边距离"100 mm",单击"确定"按钮,框选独立基础,即可完成垫层的布置。在止

水板下的垫层绘制方法同独立基础下方垫层,输入出边距离"300 mm"。

图 7.13

图 7.14

四、任务结果

汇总计算,统计独立基础、垫层的清单、定额工程量,见表 7.3。

表 7.3 独立基础、垫层的清单、定额工程量

编码	项目名称	单位	工程量
010401001001	砖基础 [项目特征] (1)砖品种、规格、强度等级:240 mm 厚蒸压灰砂砖 (2)基础类型:条形 (3)砂浆强度等级:干混砌筑砂浆 DM M10	m³	4.2726

续表

编码	项目名称	单位	工程量
A1-1	砖基础 实心砖直形	100 m³	0.42726
010501001001	垫层 ［项目特征］ (1)混凝土种类:商品混凝土 (2)混凝土强度等级:C15	m³	106.5455
A2-1	现浇混凝土 垫层	10 m³	10.65455
010501003001	独立基础 ［项目特征］ (1)混凝土种类:商品混凝土 (2)混凝土强度等级:C30 P6	m³	65.328
A2-5	现浇混凝土 独立基础 混凝土	10 m³	6.5328
010501004001	满堂基础 ［项目特征］ (1)混凝土种类:商品混凝土(防水混凝土) (2)混凝土强度等级:C30 P6	m³	316.757
A2-7	现浇混凝土 满堂基础 有梁式	10 m³	31.6757
011702001001	基础	m²	20.528
A16-1	基础垫层 胶合板 模板	100 m²	0.20528
011702001002	基础	m²	78.64
A16-19	独立基础 胶合板模板 木支撑	100 m²	0.7864
011702001003	基础	m²	48.23
A16-28	满堂基础 有梁式 胶合板模板 钢支撑	100 m²	0.4823

五、总结拓展

建模四棱台独立基础

软件在独立基础里提供了多种参数图供选择,如图 7.15 所示,选择"新建独立基础单元"后,选择参数化图形,用点画的方法绘制图元,如图 7.16 所示。

图 7.15

图 7.16

问 题思考

(1)窗台下基础部分需要绘制哪些构件,如何定义?

(2)面式垫层如何绘制?

7.2 土方工程量计算

通过本节的学习,你将能够:

(1)依据清单、定额分析挖土方的计算规则;

(2)定义基坑土方和大开挖土方;

(3)统计挖土方的工程量。

一、任务说明

①完成土方工程的属性定义、做法套用及绘制。

②汇总计算土方工程量。

注:本工程土壤类别为三类土,采用机械坑内作业,大开挖土方,人工挖基坑土方。

二、任务分析

①哪些地方需要挖土方?

②基础回填土方应如何进行计算?

三、任务实施

1)分析图纸

分析结施-02可知,本工程独立基础的土方属于基坑土方,止水板的土方为大开挖土方。依据湖北2018定额可知,挖土方有工作面300 mm,根据挖土深度独立基础JC-7及大开挖土方需要放坡,放坡土方增量按照定额规定计算。

2)清单、定额计算规则学习

（1）清单计算规则学习

土方清单计算规则,见表7.4。

表7.4　土方清单计算规则

编号	项目名称	单位	计算规则
010101002	挖一般土方	m³	按设计图示尺寸以基础垫层底乘以挖土深度计算
010101004	挖基坑土方	m³	按设计图示尺寸以基础垫层底乘以挖土深度计算
010103001	回填方	m³	按设计图示尺寸以体积计算 （1）场地回填:回填面积乘以平均回填厚度 （2）室内回填:主墙间面积乘以回填厚度,不扣除间隔墙 （3）基础回填:按挖方清单项目工程量减去自然地坪以下埋设的基础体积（包括基础垫层及其他构筑物）

（2）定额计算规则学习

土方定额计算规则,见表7.5。

表7.5　土方定额计算规则

编号	项目名称	单位	计算规则
G1-85	反铲挖掘机挖一般土方 装车（斗容量0.6 m³）三类土	m³	一般土石方,按设计图示基础（含垫层）尺寸,另加工作面宽度、土方放坡宽度或石方允许超挖量乘以开挖深度,以体积计算

续表

编号	项目名称	单位	计算规则
G1-123	挖掘机挖沟槽、基坑土方(装车)三类土	m³	基坑土石方,按设计图示基础(含垫层)尺寸,另加工作面宽度、土方放坡宽度或石方允许超挖量乘以开挖深度,以体积计算
G1-330	回填土 夯填土 机械 地坪	m³	按挖方体积减去设计室外地坪以下建筑物,基础(含垫层)的体积计算

3)土方的属性定义及绘制

(1)基坑土方绘制

用反建构件法,在垫层界面单击"生成土方",如图 7.17 所示。

图 7.17

选择独立基础下方的垫层,单击鼠标右键即可完成基坑土方的定义和绘制。

(2)挖一般土方绘制

在筏板基础定义界面,选择"生成土方"→"大开挖土方",如图 7.18 所示。

用鼠标左键选择止水板垫层,单击鼠标右键即可完成大开挖土方的定义和绘制,如图 7.19所示。

图 7.18

图 7.19

4）土方做法套用

大开挖、基坑土方做法套用，如图 7.20 和图 7.21 所示。

图 7.20

图 7.21

四、任务结果

汇总计算,统计土方的清单、定额工程量,见表 7.6。

表 7.6　土方的清单、定额工程量

编码	项目名称	单位	工程量
010101002001	挖一般土方	m^3	4225.8652
G1-85	反铲挖掘机挖一般土方 装车(斗容量 0.6 m^3)三类土	1000 m^3	4.2258652
G1-212	自卸汽车运土方(载重 8 t 以内)运距 1 km 以内	1000 m^3	4.2258652
010101004001	挖基坑土方	m^3	149.0068
G1-123	挖掘机挖沟槽、基坑土方(装车)三类土	1000 m^3	0.1490068
G1-212	自卸汽车运土方(载重 8 t 以内)运距 1 km 以内	1000 m^3	0.1490068

五、总结拓展

土方的定义和绘制可采用自动生成功能实现,也可手动定义和绘制。

问题思考

(1)大开挖土方如何定义与绘制?

(2)土方回填的智能布置如何完成?

8 装修工程量计算

通过本章的学习,你将能够:
(1)定义楼地面、天棚、墙面、踢脚、吊顶;
(2)在房间中添加依附构件;
(3)统计各层的装修工程量。

8.1 首层装修工程量计算

通过本节的学习,你将能够:
(1)定义房间;
(2)分类统计首层装修工程量。

一、任务说明
①完成全楼装修工程的楼地面、天棚、墙面、踢脚、吊顶的构件定义及做法套用。
②建立首层房间单元,添加依附构件并绘制。
③汇总计算,统计首层装修工程的工程量。

二、任务分析
①楼地面、天棚、墙面、踢脚、吊顶的构件做法在图中的什么位置可以找到?
②各装修做法套用清单和定额时,如何正确编辑工程量表达式?
③装修工程中如何用虚墙分割空间?
④外墙保温如何定义、套用做法? 地下与地上一样吗?

三、任务实施

1)分析图纸

分析建施-01 的室内装修做法表,首层有 6 种装修类型的房间:大堂、办公室 1、办公室 2、楼梯间、走廊、卫生间;装修做法有楼面 1、楼面 2、楼面 3、楼面 4、踢脚 1、踢脚 2、踢脚 3、内墙 1、内墙 2、天棚 1、吊顶 1、吊顶 2。

2)清单、定额规则学习

(1)清单计算规则学习

装饰装修清单计算规则,见表8.1。

表8.1　装饰装修清单计算规则

编号	项目名称	单位	计算规则
011102003	块料楼地面	m^2	按设计图示尺寸以面积计算。门洞、空圈、暖气包槽、壁龛的开口部分并入相应的工程量内
011102001	石材楼地面	m^2	按设计图示尺寸以面积计算。门洞、空圈、暖气包槽、壁龛的开口部分并入相应的工程量内
011105003	块料踢脚线	m	(1)以 m^2 计量,按设计图示长度乘高度以面积计算 (2)以 m 计量,按延长米计算
011105002	石材踢脚线	m	(1)以 m^2 计量,按设计图示长度乘高度以面积计算 (2)以 m 计量,按延长米计算
011407001	墙面喷刷涂料	m^2	按设计图示尺寸以面积计算
011204003	块料墙面	m^2	按镶贴表面积计算
011407002	天棚喷刷涂料	m^2	按设计图示尺寸以面积计算
011302001	吊顶天棚	m^2	按设计图示尺寸以水平投影面积计算。天棚面中的灯槽及跌级、锯齿形、吊挂式、藻井式天棚面积不展开计算。不扣除间壁墙、检查口、附墙烟囱、柱垛和管道所占面积,扣除单个>0.3 m^2 的孔洞、独立柱及与天棚相连的窗帘盒所占的面积

(2)定额计算规则学习

①楼地面装修定额计算规则(以楼面 2 为例),见表8.2。

表8.2　楼地面装修定额计算规则

编号	项目名称	单位	计算规则
A9-1	平面砂浆找平层 混凝土或硬基层上 20 mm	m^3	按设计图示尺寸以面积计算。扣除凸出地面构筑物、设备基础、室内铁道、地沟等所占面积,不扣除间壁墙及单个面积≤0.3 m^2 柱、垛、附墙烟囱及孔洞所占面积。门洞、空圈、暖气包槽、壁龛的开口部分不增加面积
A9-4	细石混凝土地面找平层 30 mm	m^3	按设计图示尺寸以面积计算。扣除凸出地面构筑物、设备基础、室内铁道、地沟等所占面积,不扣除间壁墙及单个面积≤0.3 m^2 柱、垛、附墙烟囱及孔洞所占面积。门洞、空圈、暖气包槽、壁龛的开口部分不增加面积

编号	项目名称	单位	计算规则
A9-44	陶瓷地面砖 单块地砖 0.36 m² 以内	m²	按设计图示尺寸以面积计算。门洞、空圈、暖气包槽、壁龛的开口部分并入相应的工程量内
A6-83	聚合物复合改性沥青防水涂料 2 mm 厚 平面	m²	按设计图示尺寸以主墙间净面积计算,扣除凸出地面的构筑物、设备基础等所占面积,不扣除间壁墙及单个面积≤0.3 m² 柱、垛、烟囱和孔洞所占面积。平面与立面交接处,上翻高度≤300 mm 时,按展开面积并入平面工程量内计算,高度>300 mm 时,按立面防水层计算

②踢脚定额计算规则,见表 8.3。

表 8.3　踢脚定额计算规则

编号	项目名称	单位	计算规则
A9-102	踢脚线 干混砂浆	m²	按设计图示长度乘高度以面积计算
A9-103	踢脚线 石材	m²	
A9-104	踢脚线 陶瓷地面砖	m²	

③内墙面、独立柱装修定额计算规则(以内墙 1 为例),见表 8.4。

表 8.4　内墙面、独立柱装修定额计算规则

编号	项目名称	单位	计算规则
A10-1	墙面一般抹灰 内墙(14 mm+6 mm)	m²	(1)抹灰面积应扣除设计门窗洞口和单个面积>0.3 m² 以上的空圈所占的面积,不扣除踢脚线、挂镜线及单个面积≤0.3 m² 的孔洞和墙与构件交接处的面积。且门窗洞口、空圈、孔洞的侧壁面积亦不增加。附墙柱的侧面抹灰应并入墙面、墙裙抹灰工程量内计算 (2)长度以主墙间的图示净长计算,墙面高度按室内地面至天棚底面净高计算,墙面抹灰面积应扣除墙裙抹灰面积,如墙面和墙裙抹灰种类相同者,工程量合并计算。钉板天棚的内墙面抹灰,其高度按室内地面或楼地面至天棚底面另加 100 mm 计算
A13-199	乳胶漆 室内 墙面 两遍	m²	按设计图示尺寸以面积计算

④天棚、吊顶定额计算规则(以天棚 1、吊顶 1 为例),见表 8.5。

表 8.5　天棚、吊顶定额计算规则

编号	项目名称	单位	计算规则
A12-1	天棚抹灰 混凝土天棚 一次抹灰 10 mm	m²	按设计结构尺寸以展开面积计算。不扣除间壁墙、垛、柱、附墙烟囱、检查口和管道所占的面积,带梁天棚的梁两侧抹灰面积并入天棚面积内,板式楼梯底面抹灰面积(包括踏步、休息平台以及≤500 mm 宽的楼梯井)按水平投影面积乘以系数 1.15 计算,锯齿形楼梯底板抹灰面积(包括踏步、休息平台以及≤500 mm 宽的楼梯井)按水平投影面积乘以系数 1.37 计算
A13-200	乳胶漆 室内 天棚面 两遍	m²	按设计图示尺寸以面积计算
A12-66	铝合金条板 天棚 龙骨	m²	按主墙间水平投影面积计算,不扣除间壁墙、垛、柱、附墙烟囱、检查口和管道所占的面积,扣除单个>0.3 m²的孔洞、独立柱及与天棚相连的窗帘盒所占的面积。斜面龙骨按斜面计算
A12-114	铝合金条板 天棚 闭缝	m²	按设计图示尺寸以展开面积计算。天棚面中的灯槽及跌级、阶梯式、锯齿形、吊挂式、藻井式天棚面积按展开计算。不扣除间壁墙、垛、柱、附墙烟囱、检查口和管道所占面积,扣除单个>0.3 m² 的孔洞、独立柱及与天棚相连的窗帘盒所占的面积

3)装修构件的属性定义及做法套用

(1)楼地面的属性定义

单击导航树中的"装修"→"楼地面",在"构件列表"中选择"新建"→"新建楼地面",在"属性编辑框"中输入相应的属性值,如有房间需要计算防水,需在"是否计算防水"选择"是",如图 8.1—图 8.4 所示。

图 8.1

图 8.2

图 8.3

图 8.4

（2）内墙面的属性定义

新建内墙面构件的属性定义，如图 8.5 和图 8.6 所示。

图 8.5

图 8.6

(3) 踢脚的属性定义

新建踢脚构件的属性定义,如图 8.7—图 8.9 所示。

图 8.7

图 8.8

图 8.9

(4) 天棚的属性定义

天棚构件的属性定义,如图 8.10 所示。

图 8.10

（5）吊顶的属性定义

分析建施-01可知，吊顶1距地的高度，吊顶1的属性定义，如图8.11和图8.12所示。

图 8.11

图 8.12

（6）房间的属性定义

通过"添加依附构件"，建立房间中的装修构件。构件名称下"楼面1"可以切换成"楼面2"或是"楼面3"，其他依附构件也同理进行操作，如图8.13所示。

图 8.13

4）房间的绘制

点画。按照建施-04中房间的名称，选择软件中已建立好的房间，在需要布置装修的房间处单击一下，房间中的装修即自动布置上去。绘制好的房间，用三维查看效果。为保证大厅的"点"功能绘制,可在④~⑤/Ⓑ轴线上补画一道虚墙,如图 8.14 所示。

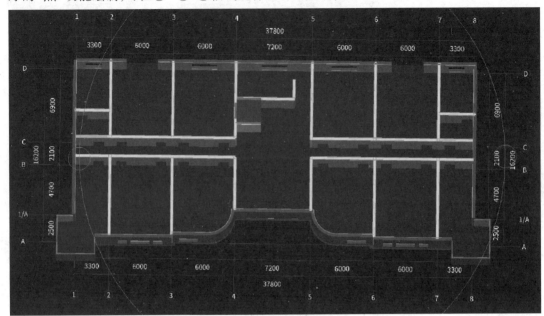

图 8.14

四、任务结果

按照以上保温层的绘制方式,完成其他层外墙保温层的绘制,并汇总计算,统计各层保温层的工程量,见表 8.6。

表 8.6　首层装饰装修工程量

编码	项目名称	单位	工程量
011101001001	水泥砂浆楼地面(楼面 4)	m²	64.7828
011102001001	石材楼地面(楼面 3)	m²	117.605
011102003001	块料楼地面(楼面 2)	m²	65.0789
011102003002	块料楼地面(楼面 1)	m²	323.2694
011105001001	水泥砂浆踢脚线(踢脚 3)	m²	3.2468
011105002001	石材踢脚线(踢脚 2)	m²	6.3
011105003001	块料踢脚线(踢脚 1)	m²	23.3746
010903002001	墙面涂膜防水(墙裙 2)	m²	82.664
011201001001	墙面一般抹灰(内墙 1)	m²	1030.6904
011204001001	石材墙面(墙裙 1)	m²	14.628
011204003001	块料墙面(内墙 2)	m²	74.7496

续表

编码	项目名称	单位	工程量
011301001001	天棚抹灰(天棚1)	m²	77.1323
011302001001	吊顶天棚(吊顶1)	m²	405.6722
011302001002	吊顶天棚(吊顶2)	m²	43.2
011407001001	墙面喷刷涂料(内墙1)	m²	1030.6904
011407002001	天棚喷刷涂料(天棚1)	m²	77.1323

五、总结拓展

装修的房间必是封闭的

在绘制房间图元时,要保证房间必须是封闭的,如不封闭,可使用虚墙将房间封闭。

题思考

(1)虚墙是否计算内墙面工程量?

(2)虚墙是否影响楼面的面积?

8.2 其他层装修工程量计算

通过本节的学习,你将能够:

(1)分析软件在计算装修时工程量的计算思路;

(2)计算其他层装修工程量。

其他楼层装修方法同首层,也可考虑从首层复制图元。

一、任务说明

完成其他楼层工程装修的工程量。

二、任务分析

①其他楼层与首层做法有何不同?

②装修工程量的计算与主体构件的工程量计算有何不同?

三、任务实施

1) 分析图纸

由建施-01 中室内装修做法表可知,地下一层所用的装修做法和首层装修做法基本相同,地面做法为地面 1、地面 2、地面 3。二层至四层装修做法基本和首层的装修做法相同,可以把首层构件复制到其他楼层,然后重新组合房间即可。

2) 清单、定额规则学习

（1）清单计算规则

其他层装修清单计算规则,见表 8.7。

表 8.7　其他层装修清单计算规则

编号	项目名称	单位	计算规则
011102001	石材楼地面	m^2	按设计图示尺寸以面积计算。门洞、空圈、暖气包槽、壁龛的开口部分并入相应的工程量内
011102003	块料楼地面	m^2	按设计图示尺寸以面积计算。门洞、空圈、暖气包槽、壁龛的开口部分并入相应的工程量内
011101001	水泥砂浆 楼地面	m^2	按设计图示尺寸以面积计算。扣除凸出地面构筑物、设备基础、室内铁道、地沟等所占面积,不扣除间壁墙及<0.3 m^2 柱、垛、附墙烟囱及孔洞所占面积。门洞、空圈、暖气包槽、壁龛的开口部分不增加面积
010103001	回填方	m^3	按设计图示尺寸以体积计算 (1)场地回填:回填面积乘平均回填厚度 (2)室内回填:主墙间面积乘回填厚度,不扣除间隔墙 (3)基础回填:按挖方清单项目工程量减去自然地坪以下埋设的基础体积(包括基础垫层及其他构筑物)

（2）定额计算规则

其他层装修定额计算规则,以地面 4 层为例,见表 8.8。

表 8.8　其他层装修定额计算规则

编号	项目名称	单位	计算规则
A1-80	垫层 碎石 灌浆	m^3	按设计图示尺寸以体积计算
A9-4	细石混凝土地面找平层 30 mm	m^3	按设计图示尺寸以面积计算。扣除凸出地面构筑物、设备基础、室内铁道、地沟等所占面积,不扣除间壁墙及单个面积≤0.3 m^2 柱、垛、附墙烟囱及孔洞所占面积。门洞、空圈、暖气包槽、壁龛的开口部分不增加面积

编号	项目名称	单位	计算规则
A9-10	整体面层 干混砂浆楼地面 混凝土或硬基层上 20 mm	m³	按设计图示尺寸以面积计算。扣除凸出地面构筑物、设备基础、室内铁道、地沟等所占面积,不扣除间壁墙及单个面积≤0.3 m² 柱、垛、附墙烟囱及孔洞所占面积。门洞、空圈、暖气包槽、壁龛的开口部分不增加面积

四、任务结果

汇总计算,统计地下一层的装修清单、定额工程量,见表 8.9。

表 8.9　地下一层的装修清单、定额工程量

序号	编码	项目名称	单位	工程量
1	011101001001	水泥砂浆楼地面(地面 4) [项目特征] (1)20 mm 厚干混地面砂浆 DS M20 抹面压实赶光 (2)素水泥浆一道(内掺建筑胶) (3)50 mm 厚 C15 混凝土 (4)150 mm 厚碎石灌干混砌筑砂浆 DM M10 砂浆 (5)素土夯实压实系数 0.95	m²	19.32
2	011102001001	石材楼地面(地面 1) [项目特征] (1)铺 20 mm 厚大理石板,稀水泥浆擦缝 (2)撒素水泥面(洒适量清水) (3)30 mm 厚干混地面砂浆 DS M20 找平层 (4)100 mm 厚 C15 素混凝土 (5)150 mm 厚 3∶7 灰土夯实 (6)素土夯实	m²	327.29
3	011102003001	块料楼地面(地面 2) [项目特征] (1)2.5 mm 厚石塑防滑地砖,建筑胶黏剂粘铺,稀水泥浆擦缝 (2)素水泥浆一道(内掺建筑胶) (3)30 mm 厚 C15 细石混凝土随打随抹 (4)3 mm 厚高聚物改性沥青涂膜防水层,四周往上卷 150 mm 高 (5)平均 35 mm 厚 C15 细石混凝土找坡层 (6)150 mm 厚 3∶7 灰土夯实 (7)素土夯实压实系数 0.957,素土夯实	m²	83.252

续表

序号	编码	项目名称	单位	工程量
4	011102001002	块料楼地面(地面3) [项目特征] (1)10 mm 厚高级地砖,建筑胶黏剂粘铺,稀水泥浆擦缝 (2)20 mm 厚干混地面砂浆 DS M20 找平层 (3)素水泥结合层一道 (4)50 mm 厚 C15 混凝土 (5)150 mm 厚碎石灌干混砌筑砂浆 DM M10 砂浆 (6)素土夯实,压实系数 0.95	m²	116.087
5	011105001001	水泥砂浆踢脚线(踢脚3) [项目特征] (1)6 mm 厚干混砌筑砂浆罩面压实赶光 (2)素水泥浆一道 (3)6 mm 厚干混砌筑砂浆打底扫毛或划出纹道	m²	4.756
6	011105002001	石材踢脚线(踢脚2) [项目特征] (1)15 mm 厚大理石踢脚板,稀水泥浆擦缝 (2)10 mm 厚干混砌筑砂浆(内掺建筑胶)黏结层 (3)界面剂一道甩毛甩前先将墙面用水湿润	m²	7.222
7	011105003001	块料踢脚线(踢脚线1) [项目特征] (1)10 mm 厚防滑地砖踢脚,稀水泥浆擦缝 (2)8 mm 厚干混砌筑砂浆(内掺建筑胶黏结层) (3)5 mm 厚干混砌筑砂浆打底扫毛或划出纹道	m²	20.3052
8	010903002001	墙面涂膜防水(墙裙2) [项目特征] (1)1.5 mm 厚聚氨脂涂膜防水($h=1800$ mm) (2)15 mm 厚干混抹灰砂浆 DP M10 打底	m²	84.312
9	011201001001	墙面一般抹灰(内墙1) [项目特征] (1)5 mm 厚干混抹灰砂浆 DP M10 找平 (2)9 mm 厚干混抹灰砂浆 DP M10 打底扫毛 (3)素水泥浆一道甩毛(内掺建筑胶)	m²	920.5915
10	011204003001	块料墙面(内墙2) [项目特征] (1)白水泥擦缝 (2)5 mm 厚釉面砖面层(粘前先将釉面砖浸水2小时以上) (3)5 mm 厚干混抹灰砂浆 DP M10 黏结层 (4)素水泥浆一道 (5)9 mm 厚干混抹灰砂浆 DP M10 打底压实抹平 (6)素水泥浆一道甩毛	m²	96.682

序号	编码	项目名称	单位	工程量
11	011301001001	天棚抹灰(天棚 1) ［项目特征］ (1)3 mm 厚干混抹灰砂浆 DP M10 找平 (2)5 mm 厚干混抹灰砂浆 DP M10 打底扫毛或划出纹道 (3)素水泥浆一道甩毛(内掺建筑胶)	m²	24.12
12	011302001001	吊顶天棚(吊顶 1) ［项目特征］ (1)1.0 mm 厚铝合金条板,离缝安装带插缝板 U 形轻钢次龙骨 B45×48,中距≤1500 mm (2)U 形轻钢主龙骨 B38×12,中距≤1500 mm 与钢筋吊杆固定 (3)φ6 钢筋吊杆,中距横向≤1500 mm、纵向≤1200 mm (4)现浇混凝土板底预留 φ10 钢筋吊环,双向中距≤1500 mm	m²	115.27
13	011302001002	吊顶天棚(吊顶 2) ［项目特征］ (1)12 mm 厚岩棉吸音板面层,规格 592 mm×592 mm (2)T 形轻钢次龙骨 TB24×28,中距 600 mm (3)T 形轻钢次龙骨 TB24×38,中距 600 mm,找平后与钢筋吊杆固定 (4)φ8 钢筋吊杆,双向中距<1200 mm (5)现浇混凝土板底预留 φ10 钢筋吊环,双向中距<1200 mm	m²	389.5876
14	011407001001	墙面喷刷涂料 ［项目特征］ 内墙乳胶漆 两遍	m²	920.5915
15	011407002001	天棚喷刷涂料 ［项目特征］ 乳胶漆 两遍	m²	24.12

8.3 外墙保温层计算

通过本节的学习,你将能够:

(1)定义外墙保温层;

(2)统计外墙保温层的工程量。

一、任务说明

完成各楼层外墙保温层的工程量。

二、任务分析

①地上外墙与地下部分保温层的做法有何不同?

②保温层增加后是否会影响外墙装修的工程量计算?

三、任务实施

1)分析图纸

由分析建施-01 中"(六)墙体设计"可知,外墙外侧做 50 mm 厚的保温。

2)清单、定额计算规则学习

(1)清单计算规则学习

外墙保温层清单计算规则,见表 8.10。

表 8.10　外墙保温层清单计算规则

编号	项目名称	单位	计算规则
011204003	块料墙面(外墙 1)	m²	按镶贴表面积计算
011204001	石材墙面(外墙 2)	m²	按镶贴表面积计算
011407001	墙面喷刷涂料(外墙 3)	m²	按设计图示尺寸以面积计算

(2)定额计算规则学习

外墙保温层定额计算规则,见表 8.11。

表 8.11　外墙保温层定额计算规则

编号	项目名称	单位	计算规则
A7-91	墙、柱面 聚苯乙烯板 厚度 50 mm	m²	按设计图示尺寸以面积计算。扣除门窗洞口及面积>0.3 m² 梁、孔洞所占面积;门窗洞口侧壁以及与墙相连的柱,并入保温墙体工程量内。墙体及混凝土板下铺贴隔热层不扣除木框架及木龙骨的体积。其中外墙按隔热层中心线长度计算,内墙按隔热层净长度计算
A10-2	墙面一般抹灰 外墙(14 mm+6 mm)	m²	外墙抹灰面积,按垂直投影面积计算。应扣除门窗洞口、外墙裙(墙面和墙裙抹灰种类相同者应合并计算)和单个面积>0.3 m² 的孔洞所占面积,不扣除单个面积≤0.3 m² 的孔洞所占面积。门窗洞口及孔洞侧壁面积亦不增加。附墙柱、梁、垛、烟囱侧面抹灰面积应并入外墙面抹灰工程量内

编号	项目名称	单位	计算规则
A10-52	石材墙面 挂钩式干挂石材 1.0 m² 以下 密缝	m²	按设计图示饰面尺寸以面积计算,扣除门窗洞口及单个面积>0.3 m² 以上的空圈所占的面积,不扣除单个面积≤0.3 m² 的孔洞所占面积
A10-75	墙面块料面层 面砖 预拌砂浆(干混)每块面积≤0.64 m²	m²	按设计图示饰面尺寸以面积计算,扣除门窗洞口及单个面积>0.3 m² 以上的空圈所占的面积,不扣除单个面积≤0.3 m² 的孔洞所占面积
A10-90	墙面块料面层 干挂钢骨架	m²	按设计图示饰面尺寸以面积计算,扣除门窗洞口及单个面积>0.3 m² 以上的空圈所占的面积,不扣除单个面积≤0.3 m² 的孔洞所占面积
A13-198	乳胶漆 室外 墙面 两遍	m²	按设计图示尺寸以面积计算

新建外墙面,如图 8.15—图 8.17 所示。

图 8.15

图 8.16

图 8.17

用"点"功能绘制时,鼠标在外墙外侧单击鼠标左键即可,如图 8.18 所示。

图 8.18

或者选择"智能布置"→"外墙外边线",即可完成外墙的外侧保温层。

其他楼层的操作方法相同。

选择④~⑤轴的外墙面 1,修改属性值起点和终点底标高为"1.1",如图 8.19 所示。

墙面 2 的操作方法同墙面 1,布置位置同墙面 1。

图 8.19

选择④~⑤轴的外墙面 2,修改属性值起点和终点顶标高为"1.1"(因已经绘制了外墙面1 和外墙面 2,选中时可以在三维状态下,选中外墙面 2),如图 8.20 所示。

图 8.20

外墙面 3 的绘制,如图 8.21 所示。

图 8.21

 题思考

外墙保温层增加后是否会影响建筑面积的计算?

9 零星及其他工程量计算

通过本章的学习,你将能够:

(1)掌握平整场地、建筑面积的工程量计算;

(2)掌握挑檐、雨篷的工程量计算;

(3)掌握台阶、散水及栏杆的工程量计算。

9.1 平整场地、建筑面积工程量计算

通过本节的学习,你将能够:

(1)依据定额和清单分析平整场地、建筑面积的工程量计算规则;

(2)定义平整场地、建筑面积的属性及做法套用;

(3)绘制平整场地、建筑面积;

(4)统计平整场地、建筑面积的工程量。

一、任务说明

①完成平整场地、建筑面积的属性定义、做法套用及图元绘制。

②汇总计算,统计首层平整场地、建筑面积的工程量。

二、任务分析

①平整场地的工程量计算如何定义?此任务中应选用地下一层还是首层的建筑面积?

②首层建筑面积中门厅外台阶的建筑面积应如何计算?工程量表达式作何修改?

③与建筑面积相关的综合脚手架和工程水电费如何套用清单定额?

三、任务实施

1)分析图纸

分析首层平面图可知,本层建筑面积分为楼层建筑面积和雨篷建筑面积两部分。

2)清单、定额计算规则学习

(1)清单计算规则学习

平整场地清单计算规则,见表9.1。

表 9.1 平整场地清单计算规则

编号	项目名称	单位	计算规则
010101001	平整场地	m²	按设计图示尺寸以建筑物首层建筑面积计算
011701001	综合脚手架	m²	按建筑面积计算
011703001	垂直运输	m²	按建筑面积计算

（2）定额计算规则学习

平整场地定额计算规则,见表 9.2。

表 9.2 平整场地定额计算规则

编号	项目名称	单位	计算规则
G1-319	机械场地平整	m²	按设计图示尺寸以建筑物首层建筑面积计算。建筑物地下室结构外边线凸出首层结构外边线时,其凸出部分的建筑面积合并计算。围墙、挡土墙窨井化粪池都不计算平整场地
A17-7	多层建筑综合脚手架 檐高 20 m 以内	m²	按设计图示尺寸以建筑面积计算。同一建筑物有不同檐高且上层建筑面积小于下层建筑面积50%时,纵向分割,分别计算建筑面积,并按各自的檐高执行相应项目
A18-5	檐高 20 m 以内 塔式起重机施工	m²	建筑物垂直运输,区分不同建筑物檐高按建筑面积计算。同一建筑物有不同檐高且上层建筑面积小于下层建筑面积50%时。纵向分割,分别计算建筑面积,并按各自的檐高执行相应项目。地下室垂直运输按地下室建筑面积计算

3) 属性定义

（1）平整场地的属性定义

在导航树中选择"其他"→"平整场地",在"构件列表"中选择"新建"→"新建平整场地",如图 9.1 所示。

图 9.1

（2）建筑面积的属性定义

在导航树中选择"其他"→"建筑面积",在"构件列表"中选择"新建"→"新建建筑面积",在"属性编辑框"中输入相应的属性值,如图 9.2 所示。

图 9.2

4)做法套用

①平整场地的做法在建筑面积里套用,如图 9.3 所示。

图 9.3

②建筑面积的做法套用,如图 9.4 所示。

图 9.4

5)画法讲解

(1)平整场地绘制

平整场地属于面式构件,可以点画绘制也可以直线绘制。本工程中注意飘窗部分不计算建筑面积,下面以直线绘制为例,沿建筑外墙外边线进行绘制,形成封闭区域,单击右键即可,如图 9.5 所示。

图 9.5

（2）建筑面积绘制

首层建筑面积绘制同平整场地，特别注意飘窗部分不需要计算建筑面积，如图 9.6 所示。

图9.6

四、任务结果

汇总计算，统计本层场地平整、建筑面积的清单、定额工程量，见表 9.3。

表 9.3　场地平整、建筑面积的清单、定额工程量

序号	编码	项目名称及特征	单位	工程量
1	010101001001	平整场地 土壤类别:三类土	m²	629.1831
	G1-319	机械场地平整	m²	6.310231

五、总结拓展

①平整场地习惯上是计算首层建筑面积，但是地下室建筑面积大于首层建筑面积时，平整场地以地下室为准。

②当一层建筑面积计算规则不一样时，有几个区域就要建立几个建筑面积属性。

问题思考

（1）平整场地与建筑面积属于面式图元，与用直线绘制其他面式图元有什么区别？需要注意哪些问题？

（2）平整场地与建筑面积绘制图元的范围是一样的，计算结果是否有区别？

（3）工程中转角窗处的建筑面积是否按全面积计算？

9.2 首层挑檐、雨篷的工程量计算

通过本节的学习,你将能够:

(1)依据定额和清单分析首层挑檐、雨篷的工程量计算规则;

(2)定义首层挑檐、雨篷;

(3)绘制首层挑檐、雨篷;

(4)统计首层挑檐、雨篷的工程量。

一、任务说明

①完成首层挑檐、雨篷的属性定义、做法套用及图元绘制。

②汇总计算,统计首层挑檐、雨篷的工程量。

二、任务分析

①首层挑檐涉及哪些构件? 如何分析这些构件的图纸? 如何计算这些构件的钢筋工程量? 这些构件的做法都一样吗? 工程量表达式如何选用?

②首层雨篷是一个室外构件,为什么要一次性将清单及定额做完? 做法套用分别是什么? 工程量表达式如何选用?

三、任务实施

1)分析图纸

分析结施-10,可以从板平面图中得到飘窗处飘窗板的剖面详图信息,本层的飘窗板是一个异形构件,也可以采用挑檐来计算这部分钢筋和土建工程量。

分析建施-01,雨篷属于玻璃钢雨篷,面层为玻璃钢,底层为钢管网架,属于成品,由厂家直接定做安装。

2)清单、定额计算规则学习

(1)清单计算规则学习

挑檐、雨篷清单计算规则,见表9.4。

表 9.4 挑檐、雨篷清单计算规则

编号	项目名称	单位	计算规则
010505007	天沟(檐沟)、挑檐板	m^3	按设计图示尺寸以体积计算
011702022	现浇混凝土模板 挑檐天沟	m^2	按模板与挑檐的接触面积计算

续表

编号	项目名称	单位	计算规则
010607003	成品雨篷	m/m²	以 m 计量,按设计图示接触边以"m"计算 以 m² 计量,按设计图示尺寸以展开面积计算

(2)定额计算规则(部分)学习

挑檐、雨篷定额计算规则(部分),见表9.5。

表 9.5 挑檐、雨篷定额计算规则(部分)

编号	项目名称	单位	计算规则
A2-41	现浇混凝土 天沟、挑檐板	m³	按设计图示尺寸以墙外部分体积计算。挑檐、天沟板与板(包括屋面板)连接时,以外墙外边线为分界线:与梁(包括圈梁等)连接时,以梁外边线为分界线,外墙外边线以外为挑檐、天沟
A16-124	天沟挑檐胶合板模板钢支撑	m²	按模板与挑檐的接触面积计算
A14-174	雨篷 夹胶玻璃简支式(点支式)	m	按设计图示尺寸以水平投影面积计算

3)挑檐、雨篷的属性定义

(1)挑檐的属性定义

在导航树中选择"其他"→"挑檐",在"构件列表"中选择"新建"→"新建线式异形挑檐",新建1—1剖面飘窗板,根据图纸中的尺寸标注,在弹出的"异形截面编辑器"中,将飘窗板的截面绘制好,如图 9.7 所示。

图 9.7

单击"确定"按钮,在"属性编辑框"中输入相应的属性值,如图 9.8 所示。

	属性列表		
	属性名称	属性值	附加
1	名称	TY-1(1-1大样)-下	
2	形状	异形	☐
3	截面形状	**异形**	☐
4	截面宽度(mm)	850	☐
5	截面高度(mm)	700	☐
6	轴线距左边线...	(425)	☐
7	材质	现浇混凝土　　　　▼	☐
8	混凝土类型	(碎石混凝土 坍落度30-50 石...	☐
9	混凝土强度等级	C30	☐
10	截面面积(m²)	0.235	☐
11	起点顶标高(m)	0.6	☐
12	终点顶标高(m)	0.6	☐
13	备注		☐
14	⊞ 钢筋业务属性		
23	⊞ 土建业务属性		
27	⊞ 显示样式		

图 9.8

在"截面编辑"中完成钢筋信息的编辑,如图 9.9 所示。

图 9.9

（2）雨篷的属性定义

因为该工程的雨篷为成品雨篷，可灵活采用"自定义面"的方式计算雨篷的工程量。在导航树中选择"自定义"→"自定义面"，在"构件列表"中选择"新建"→"新建自定义面"，在"属性编辑框"中输入相应的属性值，如图 9.10 所示。

图 9.10

4）做法套用

①挑檐的做法套用与现浇板有所不同，主要有以下几个方面，如图 9.11 所示。

	编码	类别	名称	项目特征	单位	工程量表达式	表达式说明	单价	综合单价	措施项目
1	010505007	项	天沟（檐沟）、挑檐板	1.混凝土种类：商品混凝土 2.混凝土强度等级：C30	m3	TJ	TJ<体积>			☐
2	A2-41	定	现浇混凝土 天沟、挑檐板		m3	TJ	TJ<体积>	4947.42		☐
3	011702022	项	天沟、檐沟	1.构建类型：挑檐	m2	YMMJ+YWMJ	YMMJ<檐内面积>+YWMJ<檐外面积>			☑
4	A16-124	定	天沟挑檐胶合板模板钢支撑		m2	YMMJ+YWMJ	YMMJ<檐内面积>+YWMJ<檐外面积>	6972.91		☑

图 9.11

②雨篷的做法套用，如图 9.12 所示。

	编码	类别	名称	项目特征	单位	工程量表达式	表达式说明	单价	综合单价	措施项目
1	010607003	项	成品雨篷	1.材料品种、规格：成品玻璃钢雨棚	m2	MJ	MJ<面积>			☐
2	A14-174	定	雨篷 夹胶玻璃支式（点支式）		m2	MJ	MJ<面积>	91253.6		☐

图 9.12

5）挑檐、雨篷绘制

（1）直线绘制挑檐

首先根据图纸尺寸做好辅助轴线，单击"直线"命令，再用鼠标左键单击起点与终点即可绘制挑檐，如图 9.13 所示。

图 9.13

或者采用"Shift+左键"的方式进行偏移绘制直线。

（2）直线绘制雨篷

首先根据图纸尺寸做好辅助轴线，或者用"Shift+左键"的方法绘制雨篷，如图 9.14 所示。

图 9.14

四、任务结果

汇总计算，统计本层挑檐、雨篷的清单、定额工程量，见表 9.6。

表 9.6　挑檐、雨篷的清单、定额工程量

序号	编码	项目名称及特征	单位	工程量
1	010607003001	成品雨篷	m^2	27.72
	A14-174	雨篷 夹胶玻璃简支式（点支式）	$10\ m^2$	2.772
2	010505007001	天沟（檐沟）、挑檐板 混凝土强度等级：C30	m^3	6.7575
	A2-41	现浇混凝土 天沟、挑檐板	$10\ m^3$	0.6757
3	011702022001	天沟、檐沟	m^2	81.725
	A16-124	天沟挑檐胶合板模板钢支撑	$100\ m^2$	0.81725

五、总结拓展

①挑檐既属于线性构件也属于面式构件，因此挑檐直线绘制的方法与线性构件一样。

②雨篷的形式不一样，所采用的计算方式也不一样。

问题思考

（1）若不使用辅助轴线，怎样才能快速绘制上述挑檐？

（2）如果采用现浇混凝土雨篷，该如何绘制雨篷？

9.3 台阶、散水、栏杆的工程量计算

通过本节的学习,你将能够:

(1)依据定额和清单分析首层台阶、散水、栏杆的工程量计算规则;

(2)定义台阶、散水、栏杆的属性;

(3)绘制台阶、散水、栏杆;

(4)统计首层台阶、散水、栏杆的工程量。

一、任务说明

①完成首层台阶、散水、栏杆的属性定义、做法套用及图元绘制。

②汇总计算,统计首层台阶、散水、栏杆的工程量。

二、任务分析

①首层台阶的尺寸能够从哪个图中的什么位置找到? 都有些什么工作内容? 如何套用清单定额?

②首层散水的尺寸能够从哪个图中的什么位置找到? 都有些什么工作内容? 如何套用清单定额?

③首层栏杆的尺寸能够从哪个图中的什么位置找到? 都有些什么工作内容? 如何套用清单定额?

三、任务实施

1)图纸分析

结合建施-04,可以从平面图中得到台阶、散水、栏杆的信息,本层台阶、散水、栏杆的截面尺寸如下:

①台阶的踏步宽度为 300 mm,踏步个数为 3,顶标高为首层层底标高。

②散水的宽度为 900 mm,沿建筑物周围布置。

③由平面图可知,阳台栏杆为 0.9 m 高的不锈钢栏杆。

结合建施-12,可以从散水做法详图和台阶做法详图中得到以下信息:

①台阶做法:a.20 mm 厚花岗岩板铺面,正、背面及四周边满涂防污剂,稀水泥浆擦缝。b.撒素水泥面(撒适量清水)。c.30 mm 厚干混砌筑砂浆 DM M10 黏结层。d.素水泥浆一道(内掺建筑胶)。e.100 mm 厚 C15 混凝土,台阶面向外坡 1%。f.300 mm 厚 3∶7 灰土垫层分两步夯实。g.素土夯实。

②散水做法:a.60 mm 厚 C15 细石混凝土面层,撒 1∶1 水泥砂子压实赶光。b.150 mm 厚

3∶7灰土宽出面层300 mm。c.素土夯实,向外坡4%。

2)清单、定额计算规则学习

(1)清单计算规则学习

台阶、散水、栏杆清单计算规则,见表9.7。

表9.7 台阶、散水、栏杆清单计算规则

编号	项目名称	单位	计算规则
010507004	台阶	m^2/m^3	以 m^2 计量,按设计图示尺寸以水平投影面积计算 以 m^3 计量,按设计图示尺寸以体积计算
011702027	台阶	m^2	按设计图示尺寸以台阶水平投影面积计算,台阶端头两侧不另计算模板面积。架空式混凝土台阶,按现浇楼梯计算
010507001	散水、坡道	m^2	按设计图示尺寸以水平投影面积计算
011702029	散水	m^2	按模板与散水的接触面积计算
040601016	金属扶梯、栏杆	m	按设计图示尺寸以长度计算

(2)定额计算规则学习

台阶、散水、栏杆定额计算规则,见表9.8。

表9.8 台阶、散水、栏杆定额计算规则

编号	项目名称	单位	计算规则
A1-70	垫层 灰土	$100 \ m^3$	按设计图示尺寸以体积计算
A2-50	现浇混凝土 台阶	$100 \ m^2$	按设计图示尺寸以水平投影面积计算。台阶与平台连接时其投影面积应以最上层踏步外沿加300 mm 计算
A9-135	台阶装饰 石材 砂浆	$100 \ m^2$	按设计图示尺寸以台阶(包括最上层踏步边沿加300 mm)水平投影面积计算
A16-136	台阶胶合板模板木支撑	$10 \ m^3$	按设计图示尺寸以台阶水平投影面积计算
A2-49	现浇混凝土 散水	$100 \ m^2$	按设计图示尺寸以水平投影面积计算。台阶与平台连接时其投影面积应以最上层踏步外沿加300 mm 计算
A16-134	小型构件胶合板模板木支撑	$100 \ m^2$	按设计图示尺寸以水平投影面积计算
A14-108	不锈钢栏杆 不锈钢扶手	$10 \ m^3$	按其中心线长度计算,不扣除弯头长度。如遇木扶手、大理石扶手为整体弯头时,扶手消耗量需扣除整体弯头的长度,设计不明确者,每根整体弯头按 400 mm 扣除 单独弯头按设计图示以数量计算

3) 台阶、散水、栏杆的属性定义

（1）台阶的属性定义

在导航树中选择"其他"→"台阶"，在"构件列表"中选择"新建"→"新建台阶"，新建室外台阶，根据建施-12 中台阶的尺寸标注，在"属性编辑框"中输入相应的属性值，如图 9.15 所示。

图 9.15

（2）散水的属性定义

在导航树中选择"其他"→"散水"，在"构件列表"中选择"新建"→"新建散水"，新建散水，根据散水图纸中的尺寸标注，在"属性编辑框"中输入相应的属性值，如图 9.16 所示。

（3）栏杆的属性定义

在导航树中选择"其他"→"栏杆扶手"，在"构件列表"中选择"新建"→"新建栏杆扶手"，新建"900 mm 高不锈钢栏杆护窗扶手"，根据图纸中的尺寸标注，在"属性编辑框"中输入相应的属性值，如图 9.17 所示。

图 9.16

图 9.17

4) 做法套用

①台阶的做法套用，如图 9.18 所示。

	编码	类别	名称	项目特征	单位	工程量表达式	表达式说明	单价	综合单价	措施项目
1	010507004	项	台阶	台阶 1、20厚花岗岩板铺面、正、背面及四周边刷素水泥浆结合层 2、散素水泥浆（散建筑清水） 3、30厚草干混砂浆DM DM M10粘结层 4、素水泥浆一道（内掺建筑胶） 5、100厚C15混凝土，台阶面向外坡1% 6、300厚3:7灰土垫层分两步夯实 7、素土夯实	m2	MJ	MJ<台阶整体水平投影面积>			☐
2	A2-50	定	现浇混凝土 台阶		m2	MJ	MJ<台阶整体水平投影面积>	604.24		☐
3	A9-135	定	台阶装饰 石材 砂浆		m2	MJ	MJ<台阶整体水平投影面积>	30444.97		☐
4	A1-70	定	垫层 灰土		m3	MJ*0.3	MJ<台阶整体水平投影面积>*0.3	1699.02		☐
5	011702027	项	台阶		m2	MJ	MJ<台阶整体水平投影面积>			☑
6	A16-136	定	台阶胶合板模板木支撑		m2	MJ	MJ<台阶整体水平投影面积>	6713.18		☑

图 9.18

②散水的做法套用,如图 9.19 所示。

	编码	类别	名称	项目特征	单位	工程量表达式	表达式说明	单价	综合单价	措施项目
1	010507001	项	散水、坡道	散水 1、60厚C15细石混凝土面层,撒1:1水泥砂子压实赶光 2、150厚3:7灰土宽出面层300 3、素土夯实,向外坡4%	m2	MJ	MJ<面积>			☐
2	A2-49	定	现浇混凝土 散水		m2	MJ	MJ<面积>	398.39		☐
3	A1-70	定	垫层 灰土		m3	(MJ+(WWCD+0.3*4))*0.15	(MJ<面积>+(WWCD<外围长度>+0.3*4))*0.15	1699.02		☐
4	011702029	项	散水	散水模板	m2	WWCD*0.06	WWCD<外围长度>*0.06			☑
5	A16-134	定	小型构件胶合板模板木支撑		m2	WWCD*0.06	WWCD<外围长度>*0.06	7717.57		☑

图 9.19

③栏杆的做法套用,如图 9.20 所示。

添加清单　添加定额　删除　查询　项目特征　换算　做法刷　做法查询　提取做法　当前构件自动套做法

	编码	类别	名称	项目特征	单位	工程量表达式	表达式说明	单价	综合单价	措施项目
1	011503001	项	金属扶手、栏杆、栏板	1. 材质:不锈钢栏杆 2. 规格:900 高 3. D = 60 cm 不锈钢扶手 4.部位: 护面栏杆	m	CD	CD<长度（含弯头）>			☐
2	A14-108	定	不锈钢栏杆 不锈钢扶手		m	CD	CD<长度（含弯头）>	2483.62		☐

图 9.20

5) 台阶、散水、栏杆画法讲解

(1)绘制台阶

台阶属于面式构件,因此可以直线绘制、三点画弧,也可以点绘制,这里用直线和三点画弧绘制法。首先做好辅助轴线,然后根据建施-04,选择"直线"和"三点画弧"命令,单击交点形成闭合区域即可绘制台阶轮廓,如图 9.21 所示。

图 9.21

（2）智能布置散水

散水同样属于面式构件,因此可以直线绘制也可以点绘制,这里用智能布置法比较简单,选择"智能布置"→"外墙外边线",在弹出的对话框中输入"900",单击鼠标右键确定即可,如图 9.22 所示。

图 9.22

（3）直线布置栏杆

栏杆同样属于线式构件,因此可以直线绘制。依据图纸位置和尺寸,绘制直线,单击鼠标右键确定即可,如图 9.23 所示。

图 9.23

四、任务结果

汇总计算,统计本层台阶、散水、栏杆的清单、定额工程量,见表 9.9。

表 9.9　台阶、散水、栏杆的清单、定额工程量

编号	项目名称	单位	工程量
010507001001	散水、坡道 ［项目特征］ (1)60 mm 厚 C15 细石混凝土面层,撒 1:1 水泥砂子压实赶光 (2)150 mm 厚 3:7 灰土宽出面层 300 mm (3)素土夯实,向外坡 4%	m²	98.0894
A2-49	现浇混凝土　散水	100 m²	9.80894
A1-70	垫层　灰土	10 m³	3.25899
010507004001	台阶 ［项目特征］ (1)20 mm 厚花岗岩板铺面,正、背面及四周边满涂防污剂,稀水泥浆擦缝 (2)撒素水泥面(洒适量清水) (3)30 mm 厚干混砌筑砂浆 DM M10 黏结层 (4)素水泥浆一道(内掺建筑胶) (5)100 mm 厚 C15 混凝土,台阶面向外坡 1% (6)300 mm 厚 3:7 灰土垫层分两步夯实 (7)素土夯实	m²	7.68
A9-135	台阶装饰　石材　砂浆	100 m²	0.0768
A2-50	现浇混凝土　台阶	10 m²	0.768
A1-70	垫层　灰土	10 m²	0.2304
011503001001	金属扶梯、栏杆(护窗栏杆) ［项目特征］ (1)材质:玻璃栏杆 (2)规格:900 mm 高 (3)$D=60$ cm 不锈钢扶手	m	19.558
A14-108	不锈钢栏杆　不锈钢扶手	m	19.558
011702029001	散水	m²	7.0786
A16-134	小型构件胶合板模板木支撑	100 m²	0.070786
011702027001	台阶	m²	7.68
A16-136	台阶胶合板模板木支撑	100 m²	0.0768

五、总结拓展

①台阶绘制后,还要根据实际图纸设置台阶起始边。

②台阶属性定义只给出台阶的顶标高。

③如果在封闭区域,台阶也可以使用点绘制。

④栏杆还可以采用智能布置的方式绘制。

问题思考

(1)智能布置散水的前提条件是什么?

(2)表9.9中散水的工程量是最终工程量吗?

(3)散水与台阶相交时,软件会自动扣减吗? 若扣减,谁的级别大?

(4)台阶、散水、栏杆在套用清单与定额时,与主体构件有哪些区别?

10 表格输入

通过本章的学习,你将能够:

(1)通过参数输入法计算钢筋工程量;

(2)通过直接输入法计算钢筋工程量。

10.1 参数输入法计算钢筋工程量

通过本节的学习,你将能够:

掌握参数输入法计算钢筋工程量的方法。

一、任务说明

表格输入中,通过"参数输入",完成所有层楼梯梯板的钢筋量计算。

二、任务分析

以首层 1 号楼梯为例,参考结施-13 及建施-13 读取梯板的相关信息,如梯板厚度、钢筋信息及楼梯具体位置。

三、任务实施

参考 3.7.2 节楼梯梯板钢筋量的属性定义和绘制。

四、任务结果

查看报表预览中的构件汇总信息明细表,见表 10.1。

表 10.1　所有楼梯构件钢筋汇总表

汇总信息	汇总信息钢筋总质量(kg)	构件名称	构件数量	HRB400
楼层名称:第-1层(表格输入)				132.318
楼梯	132.318	AT1	2	132.318
		合计		132.318

续表

汇总信息	汇总信息钢筋总质量(kg)	构件名称	构件数量	HRB400
楼层名称:首层(表格输入)				132.318
楼梯	132.318	AT1	2	132.318
		合计		132.318
楼层名称:第2层(表格输入)				131.349
楼梯	139.382	BT1	1	69.993
		AT2	1	69.389
		合计		139.382
楼层名称:第3层(表格输入)				138.778
楼梯	138.778	AT2	2	138.778
		合计		138.778

10.2 直接输入法计算钢筋工程量

通过本节的学习,你将能够:
掌握直接输入法计算钢筋工程量的方法。

一、任务说明

根据"顶板配筋结构图",电梯井右下角所在楼板处有阳角放射筋,本工程以该处的阳角放射筋为例,介绍表格直接输入法。

二、任务分析

表格输入中的直接输入法与参数输入法的新建构件操作方法一致。

三、任务实施

①如图 10.1 所示,切换到"工程量"选项卡,单击"表格输入"。

图 10.1

②在表格输入中,单击"构件"新建构件,修改名称为"阳角放射筋",输入构件数量,单击"确定"按钮,如图10.2所示。

③在直接输入的界面,"筋号"中输入"放射筋1",在"直径"中选择相应的直径(如16),选择"钢筋级别"。

④如图10.3所示,选择图号,根据放射筋的形式选择相应的钢筋形式,如选择"两个弯折",弯钩选择"90°弯折,不带弯钩",选择图号完毕后单击"确定"按钮。

属性名称	属性值
1 构件名称	阳角放射筋
2 构件类型	现浇板
3 构件数量	1
4 预制类型	现浇
5 汇总信息	现浇板
6 备注	
7 构件总质量(kg)	0

图 10.2

图 10.3

⑤在直接输入的界面中输入"图形"钢筋尺寸,如图10.4所示。软件会自动给出计算公式和长度,用户可以在"根数"中输入这种钢筋的根数。

筋号	直径(mm)	级别	图号	图形	计算公式	公式描述	搭接	长度	根数
1	10	Φ	63	130 [⎿ 1300 ⏌]	1300+2*130		46	1514	7
2									

图 10.4

采用同样的方法可以进行其他形状的钢筋输入,并计算钢筋工程量。

题思考

表格输入中的直接输入法适用哪些构件?

11 汇总计算工程量

通过本章的学习,你将能够:
(1)掌握查看三维的方法;
(2)掌握汇总计算的方法;
(3)掌握查看构件钢筋计算结果的方法;
(4)掌握云检查及云指标查看的方法;
(5)掌握报表结果查看的方法。

11.1 查看三维

通过本节的学习,你将能够:
正确查看工程的三维模型。

一、任务说明
①完成整体构件的绘制并使用三维查看构件。
②检查缺漏的构件。

二、任务分析
三维动态观察可在"显示设置"面板中选择楼层,若要检查整个楼层的构件,选择全部楼层即可。

三、任务实施
①对照图纸完成所有构件的输入之后,可查看整个建筑结构的三维视图。
②在"视图"菜单下选择"显示设置",如图 11.1 所示。

图 11.1

③在"显示设置"的"楼层显示"中选择"全部楼层",如图 11.2 所示。在"图元显示"中设置"显示图元",如图 11.3 所示,可使用"动态观察"旋转角度。

图 11.2

图 11.3

四、任务结果

查看整个结构,如图 11.4 所示。

图 11.4

11.2 汇总计算

通过本节的学习,你将能够:

正确进行汇总计算。

一、任务说明

本节的任务是汇总土建及钢筋工程量。

二、任务分析

钢筋计算结果查看的原则:对水平的构件(如梁),在某一层绘制完毕后,只要支座和钢筋信息输入完成,就可以汇总计算,查看计算结果。但是对于竖向构件(如柱),因为和上下层的柱存在搭接关系,和上下层的梁与板也存在节点之间的关系,所以需要在上下层相关联的构件都绘制完毕后,才能按照构件关系准确计算。

对于土建结果查看的原则:构件与构件之间有相互影响的,需要将有影响的构件都绘制完毕,才能按照构件关系准确计算,构件相对独立,不受其他构件的影响,只要把该构件绘制完毕,即可汇总计算。

三、任务实施

①需要计算工程量时,单击"工程量"选项卡上的"汇总计算",将弹出如图 11.5 所示的"汇总计算"对话框。

图 11.5

全楼:可以选中当前工程中的所有楼层,在全选状态下再次单击,即可将所选的楼层全部取消选择。

土建计算:计算所选楼层及构件的土建工程量。

钢筋计算:计算所选楼层及构件的钢筋工程量。

表格输入:在表格输入前打钩,表示只汇总表格输入方式下的构件工程量。若土建计算、钢筋计算和表格输入前都打钩,则工程中所有的构件都将进行汇总计算。

②选择需要汇总计算的楼层,单击"确定"按钮,软件开始计算并汇总选中楼层构件的相应工程量,计算完毕,弹出如图 11.6 所示的对话框,根据所选范围的大小和构件数量的多少,需要不同的计算时间。

图 11.6

11.3　查看构件钢筋计算结果

通过本节的学习,你将能够:
正确查看构件钢筋计算结果。

一、任务说明

本节任务是查看构件钢筋量。

二、任务分析

对于同类钢筋量的查看,可使用"查看钢筋量"功能,查看单个构件图元钢筋的计算公式,也可使用"编辑钢筋"的功能。在"查看报表"中还可查看所有楼层的钢筋量。

三、任务实施

汇总计算完毕后,可采用以下几种方式查看计算结果和汇总结果。

1)查看钢筋量

①使用"查看钢筋量"的功能,在"工程量"选项卡中选择"查看钢筋量",然后选择需要查看钢筋量的图元,可以单击选择一个或多个图元,也可以拉框选择多个图元,此时将弹出如图 11.7 所示的对话框,显示所选图元的钢筋计算结果。

图 11.7 表格：

楼层名称	构件名称	钢筋总质量(kg)	HPB300		HRB400				
			6	合计	10	12	20	25	合计
1 第3层	KL2(2)[4202 2]	393.603	2.599	2.599	60.192	16.268	21.34	293.204	391.004
2	合计:	393.603	2.599	2.599	60.192	16.268	21.34	293.204	391.004

钢筋总质量(kg)：393.603

图 11.7

②要查看不同类型构件的钢筋量时，可以使用"批量选择"功能。按"F3"键，或者在"工具"选项卡中选择"批量选择"，选择相应的构件(如选择柱和剪力墙)，如图 11.8 所示。

图 11.8

选择"查看钢筋量"，弹出"查看钢筋量"表。表中将列出所有柱和剪力墙的钢筋计算结果(按照级别和钢筋直径列出)，同时列出合计钢筋量，如图 11.9 所示。

钢筋总质量(kg)：7784.809

楼层名称	构件名称	钢筋总质量(kg)	HRB400							
			8	10	12	14	16	18	20	22
1	YBZ1[42477]	206.474		86.432					120.042	
2	YBZ1[42485]	206.474		86.432					120.042	
3	YBZ2[42475]	248.459		108.41					140.049	
4	YBZ2[42476]	248.459		108.41					140.049	
5	KZ1[42479]	187.045	76.405				67.932			42.70
6	KZ1[42484]	187.045	76.405				67.932			42.70
7	KZ1[42502]	187.321	76.405				68.1			42.81
8	KZ1[42509]	187.321	76.405				68.1			42.81
9	KZ2[42480]	166.923	55.755				68.256			42.91
10	KZ2[42483]	166.923	55.755				68.256			42.91
11	KZ2[42486]	168.46	57.82				67.932			42.70
12	KZ2[42493]	168.46	57.82				67.932			42.70
13	KZ2[42494]	168.46	57.82				67.932			42.70
14	KZ2[42501]	168.46	57.82				67.932			42.70

图 11.9

2)编辑钢筋

要查看单个图元钢筋计算的具体结果,可以使用"编辑钢筋"功能,下面以首层⑤轴与①轴交点处的柱 KZ3 为例,介绍"编辑钢筋"查看的计算结果。

①在"工程量"选项卡中选择"编辑钢筋"。然后选择 KZ3 图元。绘图区下方将显示编辑钢筋列表,如图 11.10 所示。

筋号	直径(mm)	级别	图号	图形	计算公式	公式描述	长度	根数	搭接	损耗(%)	单重(kg)	总重(kg)	钢筋归类
1 角筋.1	22	⊕	1	3600	3600-500+max(2750/6,500,500)	层高-本层的露出…	3600	4	1	0	10.728	42.912	直筋
2 B边纵筋.1	18	⊕	1	3600	3600-1130+max(2750/6,500,500)+1*35*d	层高-本层的露出…	3600	4	1	0	7.2	28.8	直筋
3 B边纵筋.2	18	⊕	1	3600	3600-500+max(2750/6,500,500)	层高-本层的露出…	3600	2	1	0	7.2	14.4	直筋
4 H边纵筋.1	18	⊕	1	3600	3600-1130+max(2750/6,500,500)+1*35*d	层高-本层的露出…	3600	4	1	0	7.2	28.8	直筋
5 H边纵筋.2	18	⊕	1	3600	3600-500+max(2750/6,500,500)	层高-本层的露出…	3600	2	1	0	7.2	14.4	直筋
6 箍筋.1	8	⊕	195	450 450	2*(450+450)+2*(13.57*d)		2017	27	0	0	0.797	21.519	箍筋
7 箍筋.2	8	⊕	195	244 450	2*(450+244)+2*(13.57*d)		1605	54	0	0	0.634	34.236	箍筋

单构件钢筋总重(kg): 185.067

图 11.10

②"编辑钢筋"列表从上到下依次列出 KZ3 的各类钢筋的计算结果,包括钢筋信息(直径、级别、根数等),以及每根钢筋的图形和计算公式,并对计算公式进行描述,用户可以清楚地看到计算过程。例如,第一行列出的是 KZ3 的角筋,从中可以看到角筋的所有信息。

使用"编辑钢筋"的功能,可以清楚显示构件中每根钢筋的形状、长度、计算过程以及其他信息,明确掌握计算的过程。另外,还可对"编辑钢筋"的列表进行编辑和输入,列表中的每个单元格都可以手动修改,也可根据自己的需要进行编辑。

还可以在空白行进行钢筋的添加:输入"筋号"为"其他"。选择钢筋直径和型号,选择图号来确定钢筋的形状,然后在图形中输入长度、需要的根数和其他信息。软件计算的钢筋结果显示为淡绿色底色,手动输入的行显示为白色底色,便于区分。这样,不仅能够清楚地看到钢筋计算的结果,还可以对结果进行修改以满足不同的需求,如图 11.11 所示。

筋号	直径(mm)	级别	图号	图形	计算公式	公式描述	长度	根数	搭接	损耗(%)	单重(kg)	总重(kg)	钢筋
2 B边纵筋.1	18	⊕	1	3600	3600-1130+max(2750/6,500,500)+1*35*d	层高-本层的露出…	3600	4	1	0	7.2	28.8	直筋
3 B边纵筋.2	18	⊕	1	3600	3600-500+max(2750/6,500,500)	层高-本层的露出…	3600	2	1	0	7.2	14.4	直筋
4 H边纵筋.1	18	⊕	1	3600	3600-1130+max(2750/6,500,500)+1*35*d	层高-本层的露出…	3600	4	1	0	7.2	28.8	直筋
5 H边纵筋.2	18	⊕	1	3600	3600-500+max(2750/6,500,500)	层高-本层的露出…	3600	2	1	0	7.2	14.4	直筋
6 箍筋.1	8	⊕	195	450 450	2*(450+450)+2*(13.57*d)		2017	27	0	0	0.797	21.519	箍筋
7 箍筋.2	8	⊕	195	244 450	2*(450+244)+2*(13.57*d)		1605	54	0	0	0.634	34.236	箍筋
8 拉筋	20	⊕	1	L	0		0	1	0	0	0	0	直筋

单构件钢筋总重(kg): 185.067

图 11.11

【注意】

　　用户需要对修改后的结果进行锁定,可使用"建模"选项卡下"通用操作"中的"锁定"和"解锁"功能对构件进行锁定和解锁,如图 11.12 所示。如果修改后不进行锁定,那么进行重新汇总计算时,软件会按照属性中的钢筋信息重新计算,手动输入的部分将被其覆盖。

图 11.12

　　其他种类构件的计算结果显示与此类似,都是按照同样的项目进行排列,列出每种钢筋的计算结果。

3)钢筋三维

　　在汇总计算完成后,还可利用"钢筋三维"功能来查看构件的钢筋三维排布。钢筋三维可显示构件钢筋的计算结果,按照钢筋实际的长度和形状在构件中排列和显示,并标注各段的计算长度,供直观查看计算结果和钢筋对量。钢筋三维能够直观真实地反映当前所选择图元的内部钢筋骨架,清楚显示钢筋骨架中每根钢筋与编辑钢筋中的每根钢筋的对应关系,且"钢筋三维"中的数值可修改。钢筋三维和钢筋计算结果还保持对应,相互保持联动,数值修改后,可以实时看到自己修改后的钢筋三维效果。

　　当前 GTJ 软件中已实现了钢筋三维显示的构件,包括柱、暗柱、端柱、剪力墙、梁、板受力筋、板负筋、螺旋板、柱帽、楼层板带、集水坑、柱墩、筏板主筋、筏板负筋、独基、条基、桩承台、基础板带共 18 种 21 类构件。

　　钢筋三维显示状态应注意以下几点:

　　①查看当前构件的三维效果:直接用鼠标单击当前构件即可看到钢筋三维显示效果,同时配合绘图区右侧的动态观察等功能,全方位查看当前构件的三维显示效果,如图 11.13 所示。

图 11.13

②钢筋三维和编辑钢筋对应显示。

a.选中三维的某根钢筋线时,在该钢筋线上显示各段的尺寸,同时在"编辑钢筋"的表格中对应的行亮显。如果数字为白色字体则表示此数字可供修改;否则,将不能修改。

b.在"编辑钢筋"表格中选中某行时,则钢筋三维中所对应的钢筋线应亮显,如图11.14所示。

③可以同时查看多个图元的钢筋三维。选择多个图元,然后选择"钢筋三维"命令,即可同时显示多个图元的钢筋三维。

④在执行"钢筋三维"时,软件会根据不同类型的图元,显示一个浮动的"钢筋显示控制面板",如图 11.14 所示梁的钢筋三维,左上角的白框即为"钢筋显示控制面板"。用于设置当前类型的图元中隐藏、显示的哪些钢筋类型。勾选不同项时,绘图区会及时更新显示,其中的"显示其他图元"可以设置是否显示本层其他类型构件的图元。

图 11.14

11.4 查看土建计算结果

通过本节的学习,你将能够:
正确查看土建计算结果。

一、任务说明

本节任务是查看构件土建量。

二、任务分析

查看构件土建工程量,可使用"工程量"选项卡中的"查看工程量"功能,查看构件土建工程量的计算式,可使用"查看计算式"的功能。在"查看报表"中还可查看所有构件的土建工程量。

三、任务实施

汇总计算完毕后,用户可采用以下几种方式查看计算结果和汇总结果。

1) 查看工程量

在"工程量"选项卡中选择"查看钢筋量",然后选择需要查看工程量的图元,可以单击选择一个或多个图元,也可以拉框选择多个图元,此时将弹出如图 11.15 所示的对话框,显示所选图元的工程量结果。

图 11.15

2) 查看计算式

在"工程量"选项卡中选择"查看计算式",然后选择需要查看土建工程量的图元。可以单击选择一个或多个图元,也可以拉框选择多个图元,此时将弹出如图 11.16 所示的对话框,显示所选图元的钢筋计算结果。

图 11.16

11.5 云检查

通过本节的学习，你将能够：
灵活运用云检查功能。

一、任务说明

当完成了 CAD 识别或模型定义与绘制工作后，即将进入工程量汇总工作，为了保证算量结果的正确性，可以对所做的工程进行云检查。

二、任务分析

本节任务是对所做的工程进行检查，从而发现工程中存在的问题，方便进行修正。

三、任务实施

当模型定义及绘制完毕后，用户可采用"云检查"功能进行整楼检查、当前楼层检查、自定义检查，得到检查结果后，可以对检查进行查看处理。

1）云模型检查

（1）整楼检查

整楼检查是为了保证整楼算量结果的正确性，对整个楼层进行的检查。单击"建模"选项卡下的"云检查"功能，在弹出的窗体中，单击"整楼检查"，如图 11.17 所示。

图 11.17

进入检查后，软件自动根据内置的检查规则进行检查，也可自行设置检查规则，还可根据工程的具体情况自行设置检查规则，以便于更合理地检查工程错误。单击"规则设置"，根据工程情况作相应的参数调整,如图 11.18 所示。

图 11.18

设置后单击"确定"按钮,再次执行云检查时,软件将按照设置的规则参数进行检查。

（2）当前楼层检查

工程的单个楼层完成了 CAD 识别或模型绘制工作,为了保证算量结果的正确性,希望对当前楼层进行检查,以便发现当前楼层中存在的错误并及时修正。在"云模型检查"界面,单击"当前层检查"即可。

（3）自定义检查

当工程 CAD 识别或模型绘制完成后,认为工程部分模型信息,如基础层、四层的建模模型可能存在问题,希望有针对性地进行检查,便于在最短的时间内关注最核心的问题,从而节省时间。在"云模型检查"界面,单击"自定义检查",选择检查的楼层及检查的范围。

2）查看处理的检查结果

"整楼检查/当前楼层检查/自定义检查"之后,在"云检查结果"界面,可以看到结果列表,如图 11.19 所示。

图 11.19

在结果窗体中,软件根据当前检查问题的情况进行了分类,包含确定错误、疑似错误、提醒等。用户可根据当前问题的重要等级分别关注。

（1）忽略

在"结果列表"中逐一排查工程问题，经排查，某些问题不算作错误，可以忽略，则执行"忽略"操作 ，当前忽略的问题，将在"忽略列表"中展示出来，如图 11.20 所示。假如没有，则忽略列表错误为空。

（2）定位

对检查结果逐一进行排查时，希望能定位到当前存在问题的图元或详细的错误位置。此时可以使用"定位"功能。

在"云检查结果"界面，错误问题支持双击定位，同时可以单击"定位"按钮进行定位，功能位置如图 11.21 所示。

图 11.20

图 11.21

单击"定位"后，软件自动定位到图元的错误位置，且会给出气泡提示，如图 11.22 所示。

图 11.22

接下来，可以进一步进行定位，查找问题，对错误问题进行修复。

（3）修复

在"结果列表"中逐一排查问题时，需要对发现的工程错误问题进行修改，软件内置了一些修复规则,支持快速修复。此时可单击"修复"按钮,进行问题修复,如图 11.23 所示。

图 11.23

修复后的问题在"修复列表"中呈现,可在"修复列表"中再次关注已修复的问题。

11.6　云指标

通过本节的学习,你将能够:

正确运用云指标。

一、任务说明

当工程完成汇总计算后,为了确定工程量的合理性,可以查看"云指标",对比类似工程指标进行判断。

二、任务分析

本节任务是对所做工程进行云指标的查看对比,从而判断该工程的工程量计算结果是否合理。

三、任务实施

当工程汇总完毕后,用户可以采用"云指标"功能进行工程指标的查看及对比。包含汇总表及钢筋、混凝土、模板、装修等不同维度的 8 张指标表,分别是工程指标汇总表、钢筋-部位楼层指标表、钢筋-构件类型楼层指标表、混凝土-部位楼层指标表、混凝土-构件类型楼层指标表、模板-部位楼层指标表、模板-构件类型楼层指标表、装修-装修指标表、砌体-砌体指标表。

1) 云指标的查看

云指标可以通过"工程量"→"云指标"进行查看,也可以通过"云应用"→"云指标"进行查看,如图 11.24 所示。

图 11.24

【注意】

在查看云指标之前，可以对"工程量汇总规则"进行设置，也可以从"工程量汇总规则"表中查看数据的汇总归属设置情况。

（1）工程指标汇总表

工程量计算完成后，希望查看整个建设工程的钢筋、混凝土、模板、装修等指标数据，从而判断该工程的工程量计算结果是否合理。此时，可单击"汇总表"分类下的"工程指标汇总表"，查看"1 m^2 单位建筑面积指标"数据，帮助判断工程量的合理性，如图 11.25 所示。

图 11.25

（2）部位楼层指标表

工程量计算完成后,在查看建筑工程总体指标数据时,发现钢筋、混凝土、模板等指标数据不合理,希望能深入查看地上、地下部分各个楼层的钢筋、混凝土等指标值。此时,可以查看"钢筋/混凝土/模板"分类下的"部位楼层指标表",进行指标数据分析。

单击"钢筋"分类下"部位楼层指标表",查看"单位建筑面积指标（kg/m²）"值,如图11.26所示。

图 11.26

混凝土、模板查看部位楼层指标数据的方式与钢筋类似,分别位于"混凝土"和"模板"分类下,表名称相同,均为"部位楼层指标表"。

（3）构件类型楼层指标表

工程量计算完成后,查看建设工程总体指标数据后,发现钢筋、混凝土、模板等指标数据中有些不合理,希望能进一步定位到具体不合理的构件类型,如具体确定柱、梁、墙等的哪个构件的指标数据不合理,具体在哪个楼层出现了不合理。

此时可以查看"钢筋/混凝土/模板"下的"构件类型楼层指标表",从该表数据中可依次查看"单方建筑面积指标（kg/m²）",从而进行详细分析。

单击"钢筋/混凝土/模板"分类下的"构件类型楼层指标表",查看详细数据,如图11.27所示。

混凝土、模板查看不同构件类型楼层指标数据的方式与钢筋相同,分别单击"混凝土""模板"分类下对应的"构件类型楼层指标表"即可。

（4）单方混凝土标号指标

在查看工程指标数据时,希望能区分不同的混凝土标号并进行对比,由于不同的混凝土标号价格不同,需要区分指标数据分别进行关注。此时可查看"混凝土"分组的"单方混凝土标号指标表"数据。

图 11.27

单击"选择云端模板",选中"混凝土"分类下的"单方混凝土标号指标表",单击"确定并刷新数据",如图 11.28 所示。

图 11.28

云指标页面的对应表数据,如图 11.29 所示。

图 11.29

(5)装修指标表

在查看"工程指标汇总表"中的装修数据后,发现有些装修量有问题,希望能进一步分析装修指标数据,定位问题出现的具体构件及楼层。此时可查看"装修指标表"的"单位建筑面积指标(m^2/m^2)"数据。

单击"装修"分类下的"装修指标表",如图 11.30 所示。

图 11.30

（6）砌体指标表

工程量计算完成后,查看完工程总体指标数据后,发现砌体指标数据不合理,希望能深入查看内外墙各个楼层的砌体指标值。此时可查看"砌体指标表"中"单位建筑面积指标（m^3/m^2）"数据。

单击"砌体"分类下的"砌体指标表",如图 11.31 所示。

图 11.31

2）导入指标进行对比

在查看工程的指标数据时,不能直观地核对出指标数据是否合理,为了更快捷地核对指标数据,需要导入指标数据进行对比,直接查看对比结果。

在"云指标"界面中,单击"导入指标",如图 11.32 所示。

图 11.32

在弹出的"选择模板"对话框中,选择要对比的模板,如图 11.33 所示。

图 11.33

设置模板中的指标对比值,如图 11.34 所示。

图 11.34

单击"确定"按钮后,可看到当前工程指标的对比结果,如图 11.35 所示。

图 11.35

11.7 云对比

通过本节的学习,你将能够:
正确运用云对比。

一、任务说明

当工程完成或整体完成后汇总计算时,为了确定工程量的准确性,可通过"云对比"来保证工程的准确性。

二、任务分析

本节任务是对所做完整工程进行云对比的查看,从而判断该工程的工程量计算结果是否合理及准确。

三、任务实施

在完成工程绘制,需要核对工程量的准确性时,学生以老师下发的工程答案为准,核对自己所绘制工程出现的问题并找出错误原因,此时可以使用软件提供的"云对比"功能,快速、多维度地对比两个工程文件的工程量差异,并分析工程量差异原因,帮助学生和老师依据图纸对比、分析,消除工程量差异,快速、精准地确定最终工程量。

1)打开云对比软件

可以通过两种方式打开云对比软件:

①打开 GTJ2018 软件,在开始界面左侧的"应用中心"启动云对比功能,如图 11.36 所示。

图 11.36

②打开 GTJ2018 软件,在"云应用"页签下启动云对比功能,如图 11.37 所示。

图 11.37

2)加载对比工程

(1)将工程文件上传至云空间

将工程文件上传至云空间有两种上传方式:

①进入 GTJ2018"开始"界面,选择"另存为",在"另存为"对话框中选择要上传的文件,单击"云空间"(个人空间或企业空间),再单击"保存"按钮,如图 11.38 所示。

图 11.38

②进入 GTJ2018"开始"界面,选择"造价云管理平台",单击"上传"→"上传文件",选择需要上传的文件,如图 11.39 所示。

图 11.39

(2)选择主送审工程

工程文件上传至云空间后,选择云空间中要对比的主审工程(答案工程)和送审工程文件(自己做的工程)。主送审工程满足以下条件:工程版本、土建计算规则、钢筋计算规则、工程楼层范围均需一致;且仅支持 1.0.23.0 版本以后的单区域工程,如图 11.40 所示。

欢迎使用

GTJ 2018 云对比

图 11.40

(3)选择对比范围

云对比支持单钢筋对比、单土建对比、土建钢筋对比 3 种对比模式。

(4)对比计算

当加载完主送审工程,选择完对比计算,单击"开始对比",云端就开始自动对比两个 GTJ 工程文件的差异。

3)差异信息总览

云对比的主要功能如下:

(1)对比主送审双方工程文件

对比内容包括建筑面积、楼层信息和清单定额规则,如图 11.41 所示。

图 11.41

（2）直观查看主送审双方工程设置差异（图 11.42）

①单击右侧工程设置差异项，调整扇形统计图的统计范围。

②单击扇形统计图中的"工程设置差异"项，链接到相应工程设置差异分析详情位置。

图 11.42

（3）直观查看主送审双方工程量差异（图 11.43）

①从楼层、构件类型、工程量类别（钢筋、混凝土、模板、土方）等维度，以直方图形式展示工程量差异。

②单击直方图中的"工程量差异"项，链接到相应工程量差异分析详情位置。

图 11.43

（4）直观查看主送审双方工程量差异及原因（图11.44）

量差分析原因包括属性不一致、一方未绘制、绘制差异、平法表格不一致及截面编辑不一致。

图 11.44

（5）直观查看主送审双方模型差异及原因（图11.45）

①模型差异包括绘制差异和一方未绘制。

②单击直方图模型差异项，链接到相应模型差异分析详情位置。

图 11.45

4）工程设置差异（图11.46）

（1）对比范围

对比范围包括基础设置-工程信息、基础设置-楼层设置、土建设置-计算设置、土建设置-计算规则、钢筋设置-计算设置、钢筋设置-比重设置、钢筋设置-弯钩设置、钢筋设置-弯钩调整值设置、钢筋设置-损耗设置。

工程设置差异

图 11.46

（2）主要功能

①以图表的形式，清晰对比两个 GTJ 工程文件全部工程设置的差异。

②单击直方图中的"工程设置差异"项，链接到工程设置差异详情。

（3）查看工程设置差异

查看工程设置差异详情如图 11.47 所示。

图 11.47

5）工程量差异分析

（1）对比范围

对比范围包括钢筋工程量对比、混凝土工程量对比、模板工程量对比、装修工程量对比和土方工程量对比，如图 11.48 所示。

图 11.48

（2）主要功能

①楼层、构件类型筛选，过滤、排序辅助查找。

②以图表形式直观查看工程量差异。

③以表格形式，按照楼层、构件、图元分层级展开，定位工程量差异来源。

④以图元为单位,确定工程量差异原因,包括属性不一致、绘制差异、一方未绘制、平法表格不一致及截面编辑不一致。

⑤查看图元属性差异。

6)量差原因分析

(1)分析原因

分析原因包括属性不一致、绘制差异、一方未绘制、平法表格不一致及截面编辑不一致,如图 11.49 所示。

图 11.49

(2)主要功能

①查看属性不一致:工程量差异分析→展开至图元差异→量差原因分析→属性不一致。

②查看绘制差异:模型差异,主送审双方工程存在某些图元,双方绘制不一致;模型对比→模型差异详情→绘制差异。

③查看一方未绘制:模型差异,主送审双方工程存在某些图元,仅一方进行了绘制;模型对比→模型差异详情"一方未绘制",如图 11.50 所示。

④查看截面编辑不一致。

⑤查看平法表格不一致。

7)模型对比

①按楼层、构件类型对模型进行筛选,如图 11.51 所示。

模型差异详情

● 一方未绘制 (27) ∨

主审工程	送审工程
> 剪力墙 (1)	剪力墙 (1)
> 楼地面 (3)	楼地面 (3)
> 踢脚 (17)	踢脚 (17)
> 墙裙 (1)	墙裙 (1)
> 天棚 (4)	天棚 (4)
> 吊顶 (1)	吊顶 (1)

图 11.50

🗂 构件类型 ∨

∨ ☑ 梁
　☑ 梁
　☑ 连梁
　☑ 圈梁
∨ ☑ 板
　☑ 现浇板
　☑ 板洞
　☑ 板受力筋
　☑ 板负筋
∨ ☑ 楼梯
　☑ 直形梯段
∨ ☑ 装修
　☑ 房间
　☑ 楼地面
　☑ 踢脚

🔒 楼层 ∨

屋面层
第4层
第3层
第2层
首层
第-1层
基础层

图 11.51

②主送审 GTJ 工程模型在 Web 端轻量化展示,其中,紫色图元为一方未绘制,黄色图元为绘制差异,如图 11.52 所示。选择模型差异(紫色、黄色)图元,可以定位查看差异详情,如图 11.53 所示。

图 11.52

图 11.53

查看模型差异详情,如图 11.54 所示。

模型差异详情	
● 一方未绘制 (27)	∨
主审工程	送审工程
> 剪力墙 (1)	剪力墙 (1)
∨ 楼地面 (3)	楼地面 (3)
∨ 地面1	无对应匹配项
[7073]	无对应匹配项
∨ 地面2	无对应匹配项
[15478]	无对应匹配项
[15504]	无对应匹配项
> 踢脚 (17)	踢脚 (17)
> 墙裙 (1)	墙裙 (1)
> 天棚 (4)	天棚 (4)
> 吊顶 (1)	吊顶 (1)

图 11.54

8) 导出 Excel

工程设置差异、工程量差异对比结果可以导出 Excel 文件,方便用户进行存档和线下详细分析。操作步骤如下:

①导出"报表功能",如图 11.55 所示。

图 11.55

②选择导出范围,包括工程设置差异表、钢筋工程量差异表及土建工程量差异表,如图 11.56 所示。

③选择文件导出的位置。

④解压缩导出的文件夹。

⑤查看导出结果 Excel 文件,包括工程设置差异、钢筋工程量差异、混凝土工程量差异、模板工程量差异、土方工程量差异及装修工程量差异,如图 11.57 所示。

名称	修改日期	类型	大小
钢筋工程量差异结果.xlsx	2020/3/31 11:16	Microsoft Excel ...	9 KB
钢筋-计算设置-计算规则(差异数: 5).xlsx	2020/3/31 11:16	Microsoft Excel ...	6 KB
钢筋-计算设置-节点设置(差异数: 1).xlsx	2020/3/31 11:16	Microsoft Excel ...	4 KB
混凝土工程量差异结果.xlsx	2020/3/31 11:16	Microsoft Excel ...	9 KB
楼层设置(差异数: 22).xlsx	2020/3/31 11:16	Microsoft Excel ...	30 KB
模板工程量差异结果.xlsx	2020/3/31 11:16	Microsoft Excel ...	9 KB
装修工程量差异结果.xlsx	2020/3/31 11:16	Microsoft Excel ...	28 KB

图 11.56

图 11.57

11.8 报表结果查看

通过本节的学习,你将能够:
正确查看报表结果。

一、任务说明

本节任务是查看工程报表。

二、任务分析

在"查看报表"中还可查看所有楼层的钢筋工程量及所有楼层构件的土建工程量。

三、任务实施

汇总计算完毕后,用户可以采用"查看报表"的方式查看钢筋汇总结果和土建汇总结果。

1)查看钢筋报表

汇总计算整个工程楼层的计算结果之后,还需要查看构件钢筋的汇总量时,可通过"查看报表"功能来实现。

①单击"工程量"选项卡中的"查看报表",切换到报表界面,如图 11.58 所示。

图 11.58

②单击"设置报表范围",弹出如图 11.59 所示的界面进入设置报表范围。

图 11.59

2) 查看报表

汇总计算整个工程楼层的计算结果之后,还需要查看构件土建的汇总量时,可通过"查看报表"功能来实现。单击"工程量"选项卡中的"查看报表",选择"土建报表量"即可查看土建工程量。

四、任务结果

所有层构件的钢筋工程量见表11.1。

表 11.1　钢筋统计汇总表(包含措施筋)

构件类型	合计(t)	级别	4	6	8	10	12	14	16	18	20	22	25
柱	34.658	⨎			10.093	0.062			1.973	8.977	4.805	3.048	5.7
暗柱/端柱	5.486	⨎				2.543	0.067				2.876		
构造柱	0.043	φ		0.043									
	1.709	⨎		0.306			1.403						
剪力墙	1.591	φ	1.591										
	21.342	⨎		0.57	0.058	0.412	8.266	12.036					
砌体加筋	1.891	φ		1.891									
暗梁	3.64	⨎				0.642					2.998		
飘窗	0.297	⨎			0.068	0.229							
过梁	0.465	φ		0.248		0.217							
	0.725	⨎					0.49	0.149	0.02		0.066		
梁	0.36	φ		0.36									
	59.651	⨎			0.204	8.812	2.09	0.327	0.502		1.254	4.043	42.419
连梁	0.008	φ		0.008									
	0.696	⨎				0.106	0.162				0.056	0.372	
圈梁	0.268	φ		0.177			0.091						
	1.884	⨎		0.41			1.474						
现浇板	1.089	φ			1.089								
	35.839	⨎			1.613	22.996	11.23						
板洞加筋	0.014	⨎					0.014						
楼梯	0.424	⨎			0.324	0.032	0.068						
筏板基础	20.729	⨎			0.167		20.562						
独立基础	4.798	⨎					2.052	2.746					
条形基础	0.091	⨎				0.037	0.054						
栏板	1.371	⨎			0.451	0.36	0.56						
其他	0.444	⨎			0.092	0.25	0.102						
合计(t)	5.715	φ	1.591	2.727	1.089	0.217	0.091						
	193.799	⨎		1.286	13.07	36.481	48.594	15.26	2.494	8.977	12.055	7.463	48.119

所有层构件的土建工程量见计价部分。

五、总结拓展

在查看报表部分，软件还提供了报表反查、报表分析、土建报表项目特征添加位置、显示费用项、分部整理等特有功能，具体介绍请参照软件内置的"文字帮助"。

12 CAD 识别做工程

通过本章的学习,你将能够:
(1)了解 CAD 识别的基本原理;
(2)了解 CAD 识别的构件范围;
(3)了解 CAD 识别的基本流程;
(4)掌握 CAD 识别的具体操作方法。

12.1 CAD 识别的原理

通过本节的学习,你将能够:
了解 CAD 识别的基本原理。

CAD 识别是软件根据建筑工程制图规则,快速从 AutoCAD 的结果中拾取构件和图元,快速完成工程建模的方法。同使用手工画图的方法一样,需要先识别构件,然后再根据图纸上构件边线与标注的关系,建立构件与图元的联系。

GTJ2018 软件提供了 CAD 识别功能,可以识别 CAD 图纸文件(.dwg),支持 AutoCAD 2015/2013/2011/2010/2008/2007/2006/2005/2004/2000 及 AutoCAD R14 版生成的图形格式文件。

CAD 识别是绘图建模的补充。CAD 识别的效率,一方面取决于图纸的完整程度和标准化程度,如各类构件是否严格按照图层进行区分,各类尺寸或配筋信息是否按照图层进行区分,标准方式是否按照制图标准进行;另一方面取决于对广联达 BIM 土建计量软件的熟练程度。

12.2 CAD 识别的构件范围及流程

通过本节的学习,你将能够:
了解 CAD 识别的构件范围及流程。

1）GTJ2018 软件 CAD 识别的构件范围

①表格类：楼层表、柱表、门窗表、装修表、独基表。

②构件类：轴网，柱、柱大样，梁，墙、门窗、墙洞，板钢筋（受力筋、跨板受力筋、负筋），独立基础，承台，桩，基础梁。

2）CAD 识别做工程的流程

CAD 识别做工程主要通过新建工程→图纸管理→符号转换→识别构件→构件校核的方式，将 CAD 图纸中的线条及文字标注转化成广联达 BIM 土建计量平台中的基本构件图元（如轴网、梁、柱等），从而快速地完成构件的建模操作，提高整体绘图效率。

CAD 识别的大体方法如下：

①首先需要新建工程，导入图纸，识别楼层表并进行相应的设置。

②与手动绘制相同，需要先识别轴网，再识别其他构件。

③识别构件按照绘图类似的顺序，先识别竖向构件，再识别水平构件。

在进行实际工程的 CAD 识别时，软件的基本操作流程如图 12.1 所示。

图 12.1

软件的识别流程：添加图纸→分割图纸→提取构件→识别构件；

识别顺序：楼层→轴网→柱→墙→梁→板钢筋→基础。

识别过程与绘制构件类似，先首层再其他层，识别完一层的构件后，通过同样的方法识别其他楼层的构件，或者复制构件到其他楼层，最后汇总计算。

通过以上流程，即可完成 CAD 识别做工程的过程。

3）图纸管理

软件还提供了完善的图纸管理功能，能够将原电子图进行有效管理，并随工程统一保存，提高做工程的效率。图纸管理在使用时，其流程如图 12.2 所示。

图 12.2

4)图层管理

针对添加的图纸,可以在图层管理中设置"已提取的 CAD 图层"和"CAD 原始图层"的显示和隐藏。

12.3 CAD 识别实际案例工程

通过本节的学习,你将能够:

掌握 CAD 识别的具体操作方法。

本节主要讲解通过 CAD 识别,完成案例工程中构件的属性定义、绘制及钢筋信息的录入操作。

12.3.1 建工程、识别楼层

通过本小节的学习,你将能够:

进行楼层的 CAD 识别。

一、任务说明

使用 CAD 识别中"识别楼层表"的功能,完成楼层的建立。

二、任务分析

需提前确定好楼层表所在的图纸。

三、任务实施

①建立工程后,单击"图纸管理"面板,选择"添加图纸",在弹出的"添加图纸"对话框中选择有楼层表的图纸,如"1 号办公楼结构图",如图 12.3 所示。

②当导入的 CAD 图纸文件中有多个图纸时,需要通过"分割"功能将所需的图纸分割出来,如现将"一三层顶梁配筋图"分割出来。

图 12.3

单击"图纸管理"面板下的"分割"→"手动分割",鼠标左键拉框选择"一三层顶梁配筋图",单击右键确定,弹出"手动分割"对话框,如图 12.4 所示。

图 12.4

图 12.5

软件会自动根据 CAD 图纸的图名定义图纸名称,也可手动输入图纸名称,单击"确定"按钮即可完成图纸分割。"图纸管理"面板下便会有"一三层顶梁配筋图",如图 12.6 所示。

图 12.6

双击"图纸管理"面板中的"一三层顶梁配筋图",绘图界面就会进入"一三层顶梁配筋图",如图 12.7 所示。

图 12.7

③单击"识别楼层表"功能,如图 12.8 所示。

图 12.8

④用鼠标框选图纸中的楼层表,单击鼠标右键确定,弹出"识别楼层表"对话框,如图 12.9 所示。

如果识别的楼层信息有误,可以在"识别楼层表"对话框中进行修改,可以对应识别信息,选择抬头属性,可以删除多余的行或列,或通过插入,增加行和列等。

⑤确定楼层信息无误后,单击"确定"按钮,弹出"楼层表识别完成"提示框,这样就可以

通过 CAD 识别将楼层表导入软件中。

图 12.9

楼层设置的其他操作，与前面介绍的"建楼层"相同。

四、任务结果

导入楼层表后，其结果可参考 2.3 节的任务结果。

12.3.2　CAD 识别选项

通过本小节的学习，你将能够：

进行 CAD 识别选项的设置。

一、任务说明

在"CAD 识别选项"中完成柱、墙、门窗洞、梁和板钢筋的设置。

二、任务分析

在识别构件前，先进行"CAD 识别选项"的设置。单击"建模"选项卡，选择"CAD 操作"面板中的"CAD 识别选项"，如图 12.10 所示，会弹出如图 12.11 所示对话框。

图 12.10

图 12.11

三、任务实施

在"CAD 识别选项"对话框中,可以设置识别过程中的各个构件属性,每一列属性所表示的含义都在对话框左下角进行描述。

"CAD 识别选项"设置的正确与否关系后期识别构件的准确率,需要准确进行设置。

12.3.3　识别轴网

通过本小节的学习,你将能够:
进行轴网的 CAD 识别。

一、任务说明

①完成图纸添加及图纸整理。
②完成轴网的识别。

二、任务分析

首先分析哪张图纸的轴网是最完整的,一般按照首层建筑图设置轴网。

三、任务实施

完成图纸分割后,双击进入"首层平面图",进行 CAD 轴线识别。

1) 选择导航栏构件

将目标构件定位至"轴网",如图 12.12 所示。

图 12.12

2)提取轴线

①单击"建模"选项卡→"识别轴网"→"提取轴线",如图 12.13 所示。

图 12.13

②利用"单图元选择""按图层选择"及"按颜色选择"的功能点选或框选需要提取的轴线 CAD 图元,如图 12.14 所示。

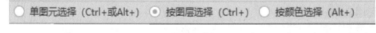

图 12.14

"Ctrl+左键"代表按图层选择,"Alt+左键"代表按颜色选择。需要注意的是,不管在框中设置何种选择方式,都可以通过键盘来操作,优先实现选择同图层或同颜色的图元。

通过"按图层选择"选择所有轴线,被选中的轴线全部变成深蓝色。

③单击鼠标右键确认选择,则选择的 CAD 图元将自动消失,并存放在"已提取的 CAD 图层"中,如图 12.15 所示。这样就完成了轴网的提取工作。

图 12.15

3)提取标注

①单击"提取标注",利用"单图元选择""按图层选择"及"按颜色选择"的功能点选或框选需要提取的轴网标注 CAD 图元,如图 12.16 所示。

图 12.16

②单击鼠标右键确认选择,则选择的 CAD 图元自动消失,并存放在 "已提取的 CAD 图层"。其方法与提取轴线相同。

4) 识别轴网

提取轴线及标注后,进行识别轴网的操作。识别轴网有 3 种方法可 供选择,如图 12.17 所示。

自动识别轴网:用于自动识别 CAD 图中的轴线。

选择识别轴网:通过手动选择来识别 CAD 图中的轴线。

识别辅助轴线:用于手动识别 CAD 图中的辅助轴线。

图 12.17

本工程采用"自动识别轴网",快速地识别出 CAD 图中的轴网,如图 12.18 所示。

图 12.18

识别轴网成功后,同样可利用"轴线"部分的功能对轴网进行编辑和完善。

四、总结拓展

导入 CAD 之后,如果图纸比例与实际不符,则需要重新设置比例,在"CAD 操作"面板中单击"设置比例",如图 12.19 所示。

根据提示,利用鼠标选择两点,软件会自动量取两点距离,并弹出如图 12.20 所示"设置比例"对话框。

图 12.19

图 12.20

如果量取的距离与实际不符,可在对话框中输入两点间实际尺寸,单击"确定"按钮,软件即可自动调整比例。

12.3.4 识别柱

通过本小节的学习,你将能够:

进行柱的 CAD 识别。

一、任务说明

用 CAD 识别的方式完成框架柱的属性定义和绘制。

二、任务分析

通过"CAD 识别柱"完成柱的属性定义的方法有两种:识别柱表生成柱构件和识别柱大样生成柱构件。生成柱构件后,通过"建模"选项卡中的"识别柱"功能:提取边线→提取标注→识别,完成柱的绘制。需要用到的图纸是"柱墙结构平面图"。

三、任务实施

分割完图纸后,双击进入"柱墙结构平面图",进行以下操作。

【注意】

当分割的"柱墙结构平面图"位置与前面所识别的轴网位置有出入时,可采用"定位"功能,将图纸定位到轴网正确的位置。单击"定位",选择图纸某一点,比如①轴与Ⓐ轴的交点,将其拖动到前面所识别轴网的①轴与Ⓐ轴交点处。

1）选择导航栏构件

将目标构件定位至"柱"，如图 12.21 所示。

图 12.21

2）识别柱表生成柱构件

①单击"建模"选项卡→"识别柱表"，软件可以识别普通柱表和广东柱表，遇到有广东柱表的工程，即可采用"识别广东柱表"。本工程为普通柱表，则选择"识别柱表"功能，拉框选择柱表中的数据，如图黄色线框为框选的柱表范围，按鼠标右键确认选择，如图12.22所示。

图 12.22

②弹出"识别柱表"对话框，使用对话框上方的"查找替换""删除行"等功能对柱表信息进行调整和修改。如表格中存在不符合的数据，单元格会以"红色"显示，便于查找和修改。调整后，如图 12.23 所示。

识别柱表

撤销　恢复　查找替换　删除行　删除列　插入行　插入列　复制行

柱号	标高	b*h(...	角筋	b边一...	h边一...	肢数	箍筋
KZ1	基础顶~3....	500*500	4C22	3C18	3C18	1(4*4)	C8@100
	3.850~14....	500*500	4C22	3C16	3C16	1(4*4)	C8@100
KZ2	基础顶~3....	500*500	4C22	3C18	3C18	1(4*4)	C8@100/...
	3.850~14....	500*500	4C22	3C16	3C16	1(4*4)	C8@100/...
KZ3	基础顶~3....	500*500	4C25	3C18	3C18	1(4*4)	C8@100/...
	3.850~14....	500*500	4C22	3C18	3C18	1(4*4)	C8@100/...
KZ4	基础顶~3....	500*500	4C25	3C20	3C20	1(4*4)	C8@100/...
	3.850~14....	500*500	4C25	3C18	3C18	1(4*4)	C8@100/...
KZ5	基础顶~3....	600*500	4C25	4C20	3C20	1(5*4)	C8@100/...
	3.850~14....	600*500	4C25	4C18	3C18	1(5*4)	C8@100/...
KZ6	基础顶~3....	500*600	4C25	3C20	4C20	1(4*5)	C8@100/...
	3.850~14....	500*600	4C25	3C18	4C18	1(4*5)	C8@100/...

提示:请在第一行的空白行中单击鼠标从下拉框中选择对应列关系

识别　　取消

图 12.23

③确认信息准确无误后单击"识别"按钮即可,软件会根据对话框中调整和修改的柱表信息生成柱构件,如图 12.24 所示。

图 12.24

3)识别柱

通过识别柱表定义柱属性后,可以通过柱的绘制功能,参照 CAD 图将柱绘制到图上,也可使用"CAD 识别"提供的快速"识别柱"功能。

①单击"建模"选项卡→"识别柱",如图 12.25所示。

②单击"提取边线",如图 12.26 所示。

图 12.25

图 12.26

通过"按图层选择"选择所有框架柱边线,被选中的边线变成深蓝色。

单击鼠标右键确认选择,则选择的 CAD 图元将自动消失,并存放在"已提取的 CAD 图层"中,如图 12.27所示。这样就完成了柱边线的提取工作,如图 12.28所示。

图 12.27

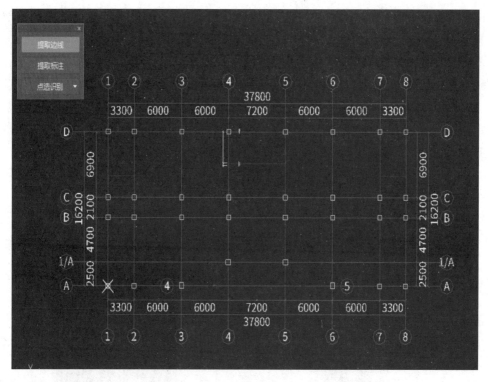

图 12.28

③单击"提取标注",采用同样的方法选择所有柱的标志(包括标注及引线),单击鼠标右键确定,即可完成柱标志的提取工作,如图 12.29 所示。

④识别柱构件的操作有以下 4 种识别方式,如图 12.30 所示。

图 12.29

图 12.30

a.自动识别。软件将根据所识别的柱表、提取的边线和标注来自动识别整层柱,本工程采用"自动识别"。单击"自动识别",识别完成后,弹出识别柱构件的个数提示。单击"确定"按钮,即可完成柱构件的识别,如图 12.31 所示。

图 12.31

b.框选识别。当你需要识别某一区域的柱时,可使用此功能,根据鼠标框选的范围,软件会自动识别框选范围内的柱。

c.点选识别。点选识别即通过鼠标点选的方式逐一识别柱构件。单击"识别柱"→"点选识别",单击需要识别的柱标志 CAD 图元,则"识别柱"对话框会自动识别柱标志信息,如图 12.32 所示。

单击"确定"按钮,在图形中选择符合该柱标志的柱边线和柱标注,再单击鼠标右键确认选择,此时所选柱边线和柱标注被识别为柱构件,如图 12.33 所示。

图 12.32

图 12.33

d.按名称识别。比如图纸中有多个 KZ6,通常只会对一个柱进行详细标注(截面尺寸、钢筋信息等),而其他柱只标注柱名称,此时就可以使用"按名称识别柱"进行柱识别操作。

单击绘图工具栏"识别柱"→"点选识别"→"按名称识别",然后单击需要识别的柱标志 CAD 图元,则"识别柱"对话框会自动识别柱标志信息,如图 12.34 所示。

图 12.34

单击"确定"按钮,此时满足所选标志的所有柱边线会被自动识别为柱构件,并弹出识别成功的提示,如图 12.35 所示。

图 12.35

四、任务结果

任务结果参考 3.1 节的任务结果。

五、总结拓展

1) 利用"CAD 识别"来识别柱构件

首先需要"添加图纸",通过"识别柱表"或"识别柱大样"先进行柱的定义,再利用"识别柱"的功能生成柱构件。其流程如下:添加图纸→识别柱表(柱大样)→识别柱。

通过以上流程,即可完成柱构件的识别。

2) 识别柱大样生成构件

如果图纸中柱或暗柱采用柱大样的形式来作标记,则可单击"建模"选项卡→"识别柱"→"识别柱大样"的功能,如图 12.36 所示。

图 12.36

①提取柱大样边线及标志。参照前面的方法,单击"提取边线"和"提取标注"功能完成柱大样边线、标志的提取。

②提取钢筋线。单击"提取钢筋线"提取所有柱大样的钢筋线,单击鼠标右键确定,如图 12.37 所示。

③识别柱大样。提取完成后,单击"点选识别",有 3 种识别方式,如图 12.38 所示。

图 12.37

图 12.38

点选识别:通过鼠标选择来识别柱大样。

自动识别:即软件自动识别柱大样。

框选识别:通过框选需要识别的柱大样来识别。

如果单击"点选识别",状态栏提示点取柱大样的边线,则用鼠标选择柱大样的一根边线,然后软件提示"请点取柱的标注或直接输入柱的属性",则点取对应的柱大样的名称,弹出如图 12.39 所示"点选识别柱大样"对话框。

图 12.39

在此对话框中,可以利用"CAD 底图读取"功能,在 CAD 图中读取柱的信息,对柱的信息进行修改。在"全部纵筋"一行,软件支持"读取"和"追加"两种操作。

读取:从 CAD 中读取钢筋信息,对栏中的钢筋信息进行替换。

追加:如遇到纵筋信息分开标注的情况,可通过"追加"将多处标注的钢筋信息进行追加求和处理。

操作完成后,软件通过识别柱大样信息定义柱属性。

④识别柱。在识别柱大样完成之后,软件定义了柱属性,最后还需通过前面介绍的"提取边线""提取标注"和"自动识别"功能来生成柱构件,这里不再赘述。

3) 墙柱共用边线的处理方法

某些剪力墙图纸中,墙线和柱线共用,柱没有封闭的图线,导致直接识别柱时选取不到封闭区域,识别柱不成功。在这种情况下,软件提供两种解决方法。

①使用"框选识别"。使用"提取边线""提取标注"功能完成柱信息的提取(将墙线提取到柱边线),使用提取柱边线拉框(反选),如图 12.40 所示区域,即可完成识别柱。

②使用"生成柱边线"功能进行处理。提取墙边线后,进入"识别柱"界面,单击"生成柱边线",按照状态栏提示,在柱内部左键点取一点,或是通过"自动生成柱边线"让软件自动搜索,生成封闭的柱边线,如图 12.41 所示。利用此功能生成柱的边线后,再利用"自动识别"功能识别柱,即可解决墙、柱共用边线的情况。

图 12.40

图 12.41

4) 图层管理

在识别构件菜单下,通过"视图"选项卡→"用户面板"→"图层管理"进行图层控制的相关操作,如图 12.42 所示。

①在提取过程中,如果需要对 CAD 图层进行管理,单击"图层管理"功能。通过此对话框,即可控制"已提取的 CAD 图层"和"CAD 原始图层"的显示和隐藏,如图 12.43 所示。

图 12.42

图 12.43

②显示指定的图层,可利用此功能将其他图层的图元隐藏。

③隐藏指定的图层,将选中的 CAD 图元所在的图层进行隐藏,其他图层显示。

12.3.5　识别梁

通过本小节的学习,你将能够:

进行梁的 CAD 识别。

一、任务说明

用 CAD 识别的方式完成梁的属性定义和绘制。

二、任务分析

在梁的支座柱、剪力墙等识别完成后,进行梁的识别操作。需要用到的图纸是"一三层顶梁配筋图"。

三、任务实施

双击进入"一三层顶梁配筋图",进行以下操作。

1) 选择导航栏构件

将目标构件定位至"梁",如图 12.44 所示。

2) 识别梁

①单击"建模"选项卡→"识别梁",如图 12.45 所示。

图 12.44　　　　　　　　　　图 12.45

②单击"提取边线",完成梁边线的提取,具体操作方法参考"识别柱"功能,如图 12.46 所示。

图 12.46

③单击"提取梁标注",提取梁标注包含 3 个功能:自动提取标注、提取集中标注和提取原位标注。

a."自动提取标注"可一次提取 CAD 图中全部的梁标注,软件会自动区别梁原位标注与集中标注,一般集中标注与原位标注在同一图层时使用。

单击"自动提取标注",选中图中所有同图层的梁标注,如果集中标注与原位标注在同一图层,就会被选择到,单击鼠标右键确定,如图 12.47 所示。弹出"标注提取完成"的提示。

GTJ2018 在做了优化后,软件会自动区分集中标注和原位标注。完成提取后,集中标注以黄色显示,原位标注以粉色显示,如图 12.48 所示。

b.如果集中标注与原位标注分别在两个图层,则采用"提取集中标注"和"提取原位标注"分开提取,方法与自动提取标注类似。

④接着进行识别梁构件的操作。识别梁有自动识别梁、框选识别梁、点选识别梁 3 种方法。

a.自动识别梁。软件根据提取的梁边线和梁集中标注自动对图中所有梁一次性全部识别。

图 12.47

图 12.48

单击识别面板"点选识别梁"的倒三角,在下拉菜单中单击"自动识别梁",软件弹出"识别梁选项"对话框,如图 12.49 所示。

	名称	截面(b*h)	上通长筋	下通长筋	侧面钢筋	箍筋	肢数
1	KL1(1)	250*500	2C25		N2C16	C10@100/200(2)	2
2	KL2(2)	300*500	2C25		G2C12	C10@100/200(2)	2
3	KL3(3)	250*500	2C22		G2C12	C10@100/200(2)	2
4	KL4(1)	300*600	2C22		G2C12	C10@100/200(2)	2
5	KL5(3)	300*500	2C25		G2C12	C10@100/200(2)	2
6	KL6(7)	300*500	2C25		G2C12	C10@100/200(2)	2
7	KL7(3)	300*500	2C25		G2C12	C10@100/200(2)	2
8	KL8(1)	300*600	2C25		G2C12	C10@100/200(2)	2
9	KL9(3)	300*600	2C25		G2C12	C10@100/200(2)	2
10	KL10(3)	300*600	2C25		G2C12	C10@100/200(2)	2
11	KL10a(3)	300*600	2C25		G2C12	C10@100/200(2)	2
12	KL10b(1)	300*600	2C25	2C25	G2C12	C10@100/200(2)	2
13	L1(1)	300*550	2C22		G2C12	C8@200(2)	2
14	LL1(1)	200*1000	4C22	4C22	GC12@200	C10@100(2)	2

识别梁选项 全部 缺少箍筋信息 缺少截面 复制图纸信息 粘贴图纸信息

请检查并确认得到的梁信息 继续 取消

图 12.49

【说明】

①在"识别梁选项"对话框可以查看、修改、补充梁集中标注信息,以提高梁识别的准确性。

②识别梁之前,应先完成柱、墙等图元的模型创建,这样识别出来的梁会自动延伸到现有的柱、墙、梁中,计算结果更准确。

单击"继续"按钮,则按照提取的梁边线和梁集中标注信息自动生成梁图元,如图12.50所示。

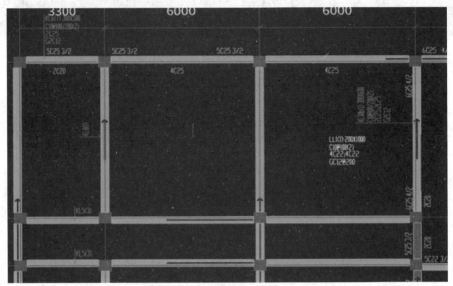

图 12.50

识别梁完成后,软件自动启用"校核梁图元"功能,如识别的梁跨与标注的梁跨数量不符,则弹出提示,并且梁会以红色显示,如图 12.51 所示。此时需要检查并进行修改。

b.点选识别梁。"点选识别梁"功能可以通过选择梁边线和梁集中标注的方法进行梁识别操作。

单击识别梁面板"点选识别梁",则弹出"点选识别梁"对话框,如图 12.52 所示。

图 12.51

图 12.52

单击需要识别的梁集中标注,则"点选识别梁"对话框自动识别梁集中标注信息,如图 12.53 所示。

图 12.53

单击"确定"按钮,在图形中选择符合该梁集中标注的梁边线,被选择的梁边线以高亮显示,如图 12.54 所示。

图 12.54

单击鼠标右键确认选择,此时所选梁边线则被识别为梁图元,如图 12.55 所示。

图 12.55

c.框选识别梁。"框选识别梁"可满足分区域识别的需求,对一张图纸中存在多个楼层平面的情况,可选中当前层识别,也可框选一道梁的部分梁线完成整道梁的识别。

单击识别面板"点选识别梁"的倒三角,下拉选择"框选识别梁"。状态栏提示:左键拉框选择集中标注。

拉框选择需要识别的梁集中标注,如图 12.56 所示。

图 12.56

单击鼠标右键确定选择,弹出"识别梁选项"对话框,再单击"继续"按钮,即可完成识别,如图 12.57 所示。

图 12.57

【说明】

①识别梁完成后,与集中标注中跨数一致的梁用粉色显示,与标注不一致的梁用红色显示,方便用户检查,如图 12.58 所示。

图 12.58

②梁识别的准确率与"计算设置"有关。

a.在"钢筋设置"中的"计算设置"→"框架梁"部分,第 3 项如图 12.59 所示。此项设置可修改,并会影响后面的梁识别,注意应准确设置。

3	—	截面小的框架梁是否以截面大的框架梁为支座	是

图 12.59

b.在"计算设置"→"非框架梁"部分,第 3 项和第 4 项如图 12.60 所示。

3	—	宽高均相等的非框架梁L型、十字相交互为支座	否
4	—	截面小的非框架梁是否以截面大的非框架梁为支座	是

图 12.60

这两项需要根据实际工程情况准确设置。

③梁跨校核。当识别梁完成之后,软件提供"梁跨校核"功能进行智能检查。梁跨校核是自动提取梁跨,然后将提取到的跨数与标注中的跨数进行对比,二者不同时弹出提示。

a.软件识别梁之后,会自动对梁图元进行梁跨校核,或单击"校核梁图元"命令,如图 12.61 所示。

图 12.61

b.如存在跨数不符的梁,则会弹出提示,如图 12.62 所示。

校核梁图元

☑ 梁跨不匹配　☑ 未使用的梁线　☑ 未使用的标注　☑ 缺少截面

名称	楼层	问题描述
KL3(3)	第1层	当前图元跨数为1B,属性中跨数为3
KL2(2)	第1层	缺少截面尺寸,默认按300*500生成
KL5(3)	第1层	缺少截面尺寸,默认按300*500生成
KL5(3)	第1层	缺少截面尺寸,默认按300*500生成
KL5(3)	第1层	缺少截面尺寸,默认按300*500生成
KL7(3)	第1层	缺少截面尺寸,默认按300*500生成

编辑支座　　刷新

图 12.62

c.在"校核梁图元"对话框中,双击梁构件名称,软件可以自动定位到此道梁,如图 12.63所示。

图 12.63

【注意】

梁跨校核只针对有跨信息的梁,手动绘制的无跨信息的粉色梁不会进行校核。

⑤当"校核梁图元"完成后,如果存在梁跨数与集中标注中不符的情况,则可使用"编辑支座"功能进行支座的增加、删除以调整梁跨,如图 12.64 和图 12.65 所示。

图 12.64

图 12.65

"编辑支座"是对以前"设置支座"和"删除支座"两个功能的优化,如要删除支座,直接点取图中支座点的标志即可;如要增加支座,则点取作为支座的图元,单击鼠标右键确定即可。这样即可完成编辑支座的操作。

【说明】

①"校核梁图元"与"编辑支座"并配合修改功能(如打断、延伸、合并等)使用,来修改和完善梁图元,保证梁图元和跨数正确,然后再识别原位标注。

②识别梁时,自动启动"校核梁图元",只针对本次生成的梁,要对所有梁校核则需要手动启用"校核梁图元"。

⑥识别梁构件完成后,还应识别原位标注。识别原位标注有自动识别原位标注、框选识别原位标注、点选识别原位标注和单构件识别原位标注 4 个功能,如图 12.66 所示。

图 12.66

【说明】
①所有原位标注识别成功后,其颜色都会变为深蓝色,而未识别成功的原位标注仍保持粉色,方便查找和修改。
②识别原位标注的 4 个功能可以按照实际工程的特点结合使用,从而提高识别原位标注的准确率。实际工程图纸中,可能存在一些画图不规范或是错误的情况,会导致实际识别原位标注并不能完全识别的情况,此时只需找到"粉色"的原位标注进行单独识别,或是直接对梁进行"原位标注"即可。

3)识别吊筋
所有梁识别完成之后,如果图纸中绘制了吊筋和次梁加筋,则可以使用"识别吊筋"功能,对 CAD 图中的吊筋、次梁加筋进行识别。

"识别吊筋"的操作步骤如下:
①提取钢筋和标注:选中吊筋和次梁加筋的钢筋线及标注(如无标注则不选),单击鼠标右键确定,完成提取。
②识别吊筋:在"提取钢筋和标注"后,通过自动识别、框选识别和点选识别来完成吊筋的识别。

【说明】
①在 CAD 图中,若存在吊筋和次梁加筋标注,软件会自动提取;若不存在,则需要手动输入。
②所有的识别吊筋功能都需要在主次梁已经变成绿色后,才能识别吊筋和加筋。
③识别后,已经识别的 CAD 图线变为蓝色,未识别的 CAD 图线保持原来的颜色。
④图上有钢筋线的才识别,没有钢筋线的不会自动生成。
⑤与自动生成吊筋一样,重复识别时会覆盖上次识别的内容。
⑥吊筋线和加筋线比较短且乱,必须有误差限制,因此,如果 CAD 图绘制得不规范,则可能会影响识别率。

四、任务结果

任务结果同 3.3 节的任务结果。

五、总结拓展

1）识别梁的流程

CAD 识别梁可以按照以下基本流程来操作：添加图纸→分割图纸、标注→识别梁构件→识别梁原位标注→识别吊筋、次梁加筋。

①在识别梁的过程中，软件会对提取标注、识别梁、识别标注、识别吊筋等进行验收的区分。

②CAD 识别梁构件、梁原位标注、吊筋时，因为 CAD 图纸的不规范可能会对识别的准确率造成影响，所以需要结合梁构件的其他功能进行修改完善。

2）定位图纸

"定位"功能可用于不同图纸之间构件的重新定位。例如，先导入柱图并将柱构件识别完成后，这时需要识别梁，然而导入梁图后，就会发现梁图与已经识别的图元不重合，此时就可以使用"定位"功能。

在"添加图纸"后，单击"定位"，在 CAD 图纸上选中定位基准点，再选择定位目标点，快速完成所有图纸中构件的对应位置关系，如图12.67所示。

图 12.67

若创建好了轴网，对整个图纸使用"移动"命令也可以实现图纸定位的目的。

12.3.6 识别板及板钢筋

通过本小节的学习，你将能够：
进行板及板钢筋的 CAD 识别。

一、任务说明

①完成首层板的识别。
②完成首层板受力筋的识别。
③完成首层板负筋的识别。

二、任务分析

在梁识别完成后，接着识别板。识别板钢筋之前，首先需要在图中绘制板。绘制板的方法参见前面介绍的"现浇板的属性定义和绘制"。另外，也可通过"识别板"功能将板创建出来。

三、任务实施

双击进入"一三层板配筋图"，进行以下操作。

1)识别板

①选择导航栏构件,将目标构件定位至"现浇板",如图 12.68 所示。

图 12.68

②单击"建模"选项卡→"识别板",如图 12.69 所示。

图 12.69

识别板有以下 3 个步骤:提取板标识→提取板洞线→自动识别板。

a.单击识别面板上"提取板标识"(图 12.70),利用"单图元选择""按图层选择"或"按颜色选择"的功能选中需要提取的 CAD 板标识,选中后变成蓝色。此过程也可以点选或框选需要提取的 CAD 板标识。

图 12.70

按照软件下方的提示,单击鼠标右键确认选择,则选择的标识自动消失,并存放在"已提取的 CAD 图层"中。

b.单击识别面板上的"提取板洞线",利用"单图元选择""按图层选择"或"按颜色选择"的功能选中需要提取的 CAD 板洞线,选中后变成蓝色。

按照软件下方的提示,单击鼠标右键确认选择,则选择的板洞线自动消失,并存放在"已提取的 CAD 图层"中。

【注意】

若板洞图层不对,或板洞较少时,也可跳过该步骤,后期直接补画板洞即可。

c.单击识别面板上的"自动识别板",弹出"识别板选项"对话框,选择板支座的图元范围,单击"确定"按钮进行识别,如图 12.71 所示。

图 12.71

【注意】
①识别板前,请确认柱、墙、梁等图元已绘制完成。
②通过复选框可以选择板支座的图元范围,从而调整板图元生成的大小。

2)识别板受力筋

①选择导航栏构件,将目标构件定位至"板受力筋",如图 12.72 所示。

图 12.72

②单击"建模"选项卡→"识别板受力筋"→"识别受力筋",如图 12.73 所示。

图 12.73

识别受力筋有以下 3 个步骤:提取板筋线→提取板筋标注→识别受力筋(点选识别受力筋或自动识别板筋)。

3)识别板负筋

①选择导航栏构件,将目标构件定位至"板负筋",如图 12.74 所示。

图 12.74

②单击"建模"选项卡→"识别板负筋"→"识别负筋",如图 12.75 所示。

图 12.75

识别负筋有以下 3 个步骤:提取板筋线→提取板标注→识别负筋(点选识别负筋或自动识别板筋)。

四、任务结果

任务结果同 3.4 节的任务结果。

五、总结扩展

识别板筋(包含板和筏板基础)的操作流程如下:添加图纸→分割图纸→定位钢筋构件→提取板钢筋线→提取板钢筋标注→识别板筋。

【注意】

使用"自动识别板筋"之前,需要对"CAD 识别选项"中"板筋"选项进行设置,如图 12.76 所示。

图 12.76

在"自动识别板筋"之后,如果遇到有未识别成功的板筋,可灵活应用识别"点选识别受力筋""点选识别负筋"的相关功能进行识别,然后再使用板受力筋和负筋的绘图功能进行修改,这样可以提高对板钢筋建模的效率。

12.3.7　识别砌体墙

通过本小节的学习,你将能够:
进行砌体墙的 CAD 识别。

一、任务说明

用 CAD 识别的方式完成砌体墙的属性定义和绘制。

二、任务分析

本工程首层为框架结构,首层墙为砌体墙,需要使用的图纸是含完整砌体墙的"一层建筑平面图"。

三、任务实施

分割完图纸后,双击进入"一层建筑平面图",进行以下操作。

1) 选择导航栏构件

将目标构件定位至"砌体墙",如图 12.77 所示。

图 12.77

2) 识别砌体墙

在砌体墙构件下,选择"建模"选项卡→"识别砌体墙",如图 12.78 所示。

图 12.78

"识别砌体墙"有 4 个步骤:提取砌体墙边线→提取墙标识→提取门窗线→识别砌体墙(自动识别、框选识别和点选识别),如图 12.79 所示。

图 12.79

【说明】

①当建筑平面图中无砌体墙标识时,需要先新建砌体墙,定义好砌体墙的属性。

②对于砌体墙,用"提取砌体墙边线"功能来提取;对于剪力墙,需要在剪力墙构件中选择"提取混凝土墙边线",这样识别出来的墙才能分开材质类别。

③识别墙中的"剪力墙"操作和"砌体墙"操作一样。

四、任务结果

任务结果同 3.5 节的任务结果。

五、知识扩展

①"识别墙"可识别剪力墙和砌体墙,因为墙构件存在附属构件,所以在识别时需要注意此类构件。对墙构件的识别,其流程如下:添加图纸→提取墙线→提取门窗线→识别墙→识别暗柱(存在时)→识别连梁(存在时)。

通过以上流程,即可完成对整个墙构件的识别。

②识别暗柱。"识别暗柱"的方法与识别柱相同,可参照"识别柱"部分的内容。

③识别连梁表。有些图纸是按16G101—1规定的连梁表形式设计的,此时就可以使用软件提供的"识别连梁表"功能,对CAD图纸中的连梁表进行识别。

④识别连梁。识别连梁的方法与"识别梁"完全一致,可参照"识别梁"部分的内容。

12.3.8　识别门窗

通过本小节的学习,你将能够:

进行门窗的CAD识别。

一、任务说明

通过CAD识别门窗表和门窗洞,完成首层门窗的属性定义和绘制。

二、任务分析

在墙、柱等识别完成后,进行识别门窗的操作。通过"添加图纸"功能导入CAD图,添加"建筑设计说明"建施-01(含门窗表),完成门窗表的识别;添加"首层平面图",进行门窗洞的识别。

三、任务实施

1)识别门窗表

分割完图纸后,双击进入"建筑设计总说明",进入以下操作。

(1)选择导航栏构件

将目标构件定位至"门""窗",如图12.80所示。

图12.80

(2)识别门窗表生成门窗构件

①单击"建模"选项卡→"识别门窗表",拉框选择门窗表中的数据,如图12.81所示的黄色线框为框选的门窗范围,单击鼠标右键确认选择。

②在"识别门窗表"对话框中,选择对应行或列,使用"删除行"或"删除列"功能删除无用的行或列,调整后的表格可参考图12.82。

图 12.81

名称	备注	宽度	高度	类型	所属楼层
FM甲1021	甲级防火门	1000	2100	门	1号办公楼[-1]
FM乙1121	乙级防火门	1100	2100	门	1号办公楼[-1,1]
M5021	旋转玻璃门	5000	2100	门	1号办公楼[1]
M1021	木质夹板门	1000	2100	门	1号办公楼[-1,1,2,3,4]
C0924	塑钢窗	900	2400	窗	1号办公楼[1,2,3,4]
C1524	塑钢窗	1500	2400	窗	1号办公楼[1,2,3,4]
C1624	塑钢窗	1600	2400	窗	1号办公楼[-1,1,2,3,4]
C1824	塑钢窗	1800	2400	窗	1号办公楼[1,2,3,4]
C2424	塑钢窗	2400	2400	窗	1号办公楼[1,2,3,4]
PC1	飘窗(塑钢...	见平面	2400	窗	1号办公楼[1,2,3,4]
C5027	塑钢窗	5000	2700	窗	1号办公楼[2,3,4]

提示:请在第一行的空白行中单击鼠标从下拉框中选择对应列关系

图 12.82

③单击"识别"按钮,即可完成门窗表的识别,如图 12.83 所示。

图 12.83

2)识别门窗洞

通过识别门窗表完成门窗的属性定义后,再通过识别门窗洞完成门窗的绘制。

双击进入"一层平面图"进行以下操作:

(1)选择导航栏构件

将目标构件定位至"门""窗",方法同上。

(2)识别门窗洞

单击"建模"选项卡→"识别门窗洞",如图 12.84 所示。

图 12.84

识别门窗洞有以下 3 个步骤:提取门窗线→提取门窗洞标识→识别(自动识别、框选识别和点选识别)。

四、任务结果

任务结果同 3.6 节的任务结果。

五、总结拓展

①在识别门窗之前一定要确认已经绘制完墙并建立门窗构件(可通过识别门窗表创建),以便提高识别率。

②若未创建构件,软件可以对固定格式进行门窗尺寸解析,如 M0921,自动反建为 900 mm×2100 mm 的门构件。

12.3.9 识别基础

通过本小节的学习,你将能够:

进行基础的 CAD 识别。

一、任务说明

用 CAD 识别方式完成独立基础的识别。

二、任务分析

软件提供识别独立基础、识别桩承台、识别桩的功能,本工程采用的是独立基础。下面以识别独立基础为例,介绍识别基础的过程。

三、任务实施

双击进入"基础结构平面图",进行以下操作。

1)选择导航栏构件

将目标构件定位至"独立基础",如图 12.85 所示。

图 12.85

2) 识别独基表生成独立基础构件

单击"建模"选项卡→"识别独立基础"→"识别独基表",如图 12.86 所示。

图 12.86

"识别独基表"的操作方法同"识别柱表",请参考"识别柱表"部分的内容。本工程无"独基表",可先定义独立基础构件。

3) 识别独立基础

单击"建模"选项卡→"识别独立基础"。识别独立基础有以下 3 个步骤:提取独基边线→提取独基标识→识别(自动识别、框选识别、点选识别)。

四、任务结果

任务结果同第 7 章的任务结果。

五、知识扩展

①上面介绍的方法为识别独立基础,在识别完成之后,需要进入独立基础的属性定义界面,对基础的配筋信息等属性进行修改,以保证识别的准确性。

②独立基础还可先定义,再进行 CAD 图的识别。这样识别完成之后,不需要再进行修改属性的操作。

12.3.10 识别装修

通过本小节的学习,你将能够:

进行装修的 CAD 识别。

一、任务说明

用 CAD 识别的方式完成装修的识别。

二、任务分析

在做实际工程时,CAD 图上通常会有房间做法明细表,表中注明了房间的名称、位置以及房间内各种地面、墙面、踢脚、天棚、吊顶、墙裙的一系列做法名称。例如,在 1 号办公楼图纸中,建筑设计说明中就有"室内装修做法表",如图 12.87 所示。

如果通过识别表的功能能够快速地建立房间及房间内各种细部装修的构件,那么就可以极大地提高绘图效率。

室内装修做法表

房间名称		楼面/地面	踢脚/墙裙	窗台板	内墙面	顶棚	备注
地下一层	抽烟机房	地面4	踢脚1		内墙面1	天棚1	一、关于吊顶高度的说明 这里的吊顶高度指的是某层的结构标高到吊顶底的高度。 二、关于窗台板的说明 窗台板材质为大理石 飘窗窗台板尺寸为:洞口宽(长)×650(宽) 其他窗台板尺寸为:洞口宽(长)×200(宽)
	楼梯间	地面2	踢脚1		内墙面1	天棚1	
	走廊	地面3	踢脚2		内墙面1	吊顶1(高3200)	
	办公室	地面1	踢脚1	有	内墙面1	吊顶1(高3300)	
	餐厅	地面1	踢脚3		内墙面1	吊顶1(高3300)	
	卫生间	地面2			内墙面2	吊顶2(高3300)	
一层	大堂	楼面3	墙裙1高1200		内墙面1	吊顶1(高3200)	
	楼梯间	楼面2	踢脚1		内墙面1	天棚1	
	走廊	楼面3	踢脚2		内墙面1	吊顶1(高3200)	
	办公室1	楼面1	踢脚1	有	内墙面1	吊顶1(高3300)	
	办公室2(含阳台)	楼面4	踢脚3		内墙面1	天棚1	
	卫生间	楼面2		有	内墙面2	吊顶2(高3300)	
二至三层	楼梯间	楼面2	踢脚1		内墙面1	天棚1	
	公共休息大厅	楼面3	踢脚2		内墙面1	吊顶1(高2900)	
	走廊	楼面3	踢脚2		内墙面1	吊顶1(高2900)	
	办公室	楼面1	踢脚1		内墙面1	天棚1	
	办公室2(含阳台)	楼面4	踢脚3		内墙面1	天棚1	
	卫生间	楼面2		有	内墙面2	吊顶2(高2900)	
四层	楼梯间	楼面2	踢脚1		内墙面1	天棚1	
	公共休息大厅	楼面3	踢脚2		内墙面1	天棚1	
	走廊	楼面3	踢脚2		内墙面1	天棚1	
	办公室1	楼面1	踢脚1	有	内墙面1	天棚1	
	办公室2(含阳台)	楼面4	踢脚3		内墙面1	天棚1	
	卫生间	楼面2		有	内墙面2	天棚1	

图 12.87

三、任务实施

识别房间装修表有按房间识别装修表和按构件识别装修表两种方式。

1)按房间识别装修表

图纸中明确了装修构件与房间的关系,这时可以使用"按房间识别装修表"的功能,操作如下:

①在图纸管理界面"添加图纸",添加一张带有装修做法表的图纸。

②在"建模"选项卡中,"识别房间"分栏选择"按房间识别装修表"功能,如图 12.88 所示。

③左键拉框选择装修表,单击鼠标右键确认,如图 12.89 所示。

④在"按房间识别装修法"对话框中,在第一行的空白行处单击鼠标左键,从下拉框中选择对应列关系,单击"识别"按钮,如图 12.90 所示。

按构件识别装修表
按房间识别装修表

识别房间

图 12.88

图 12.89

图 12.90

【说明】

①对构件类型识别错误的行,可以调整"类型"列中的构件类型。

②可利用表格的一些功能对表格内容进行核对和调整,删除无用的部分。

③需要对应装修表的信息,在第一行的空白行处单击鼠标右键,从下拉框中选择对应列关系,如第一列识别出来的抬头是空,对应第一行,应选择"房间"。

图 12.91

④需要将每种门窗所属楼层进行正确匹配,单击所属楼层下的 符号,进入"所属楼层"对话框,如图 12.91 所示,将所属楼层进行勾选。

调整后的表格如图 12.92 所示。

房间	楼地面	踢脚	内墙面	吊顶	天棚	所属楼层
走廊	楼面3	踢脚2	内墙面1	吊顶1(高3…		1号办公楼
办公室	楼面1	踢脚1	内墙面1	吊顶1(高3…		1号办公楼
餐厅	楼面1	踢脚3	内墙面1	吊顶1(高3…		1号办公楼
卫生间	楼面2		内墙面2	吊顶2(高3…		1号办公楼
大堂	楼面3	墙裙1高1…	内墙面1	吊顶1(高3…		1号办公楼
楼梯间	见楼梯图	踢脚1	内墙面1		见楼梯装修	1号办公楼…
走廊	楼面3	踢脚2	内墙面1	吊顶1(高3…		1号办公楼…
办公室1	楼面1	踢脚1	内墙面1	吊顶1(高3…		1号办公楼…
办公室2(…	楼面4	踢脚3	内墙面1		天棚1	1号办公楼…
卫生间	楼面2		内墙面2	吊顶2(高3…		1号办公楼…
楼梯间	见楼梯图	见楼梯图	内墙面1		见楼梯图	1号办公楼…
公共休息…	楼面3	踢脚1	内墙面1	吊顶1(高2…		1号办公楼…
走廊	楼面3	踢脚2	内墙面1	吊顶1(高2…		1号办公楼…
办公室1	楼面1	踢脚1	内墙面1		天棚1	1号办公楼…
办公室2(…	楼面4	踢脚3	内墙面1		天棚1	1号办公楼…
卫生间	楼面2		内墙面2	吊顶2(高2…		1号办公楼…
楼梯间	见楼梯图	见楼梯图	内墙面1		天棚1	1号办公楼…
公共休息…	楼面3	踢脚1	内墙面1		天棚1	1号办公楼…
走廊	楼面3	踢脚2	内墙面1		天棚1	1号办公楼…
办公室1	楼面1	踢脚1	内墙面1		天棚1	1号办公楼…
办公室2(…	楼面4	踢脚3	内墙面1		天棚1	1号办公楼…
卫生间	楼面2		内墙面2		天棚1	1号办公楼…

提示:请在第一行的空白行中单击鼠标从下拉框中选择对应列关系

图 12.92

⑤识别成功后,软件会提示识别到的构件个数,如图 12.93 所示。

图 12.93

【说明】

房间装修表识别成功后,软件会按照图纸上房间与各装修构件的关系自动建立房间并自动依附装修构件,如图 12.94 所示。

图 12.94

2)按构件识别装修表(拓展)

图纸中没有体现房间与房间内各装修之间的对应关系,在此,假设装修如图 12.95 所示。

①在图纸管理界面"添加图纸",添加一张带有装修做法表的图纸。

②在"建模"选项卡中"识别房间"分栏选择"按构件识别装修表"功能。

③左键拉框选择装修表,单击鼠标右键确认。

类别	名 称	使用部位	做法编号	备 注
地面	水泥砂浆地面	全部	编号1	
楼 面	陶瓷地砖楼面	一层楼面	编号2	
楼 面	陶瓷地砖楼面	二至五层的卫生间、厨房	编号3	
楼 面	水泥砂浆楼面	除卫生间厨房外全部	编号4	水泥砂浆毛面找平

图 12.95

④在"按构件识别装修表"对话框中,在第一行的空白行处单击鼠标左键,从下拉框中选择对应列关系,单击"识别"按钮,如图 12.96 所示。

图 12.96

⑤识别完成后软件会提示识别到的构件个数,共 10 个构件。

【说明】

这种情况下需要在识别完装修构件后,再建立房间构件,然后把识别好的装修构件依附到房间里,最后画房间即可。

下篇

建筑工程计价

13 编制招标控制价要求

通过本章的学习,你将能够:

(1)了解工程概况及招标范围;

(2)了解招标控制价的编制依据;

(3)了解造价的编制要求;

(4)掌握工程量清单样表。

1)工程概况及招标范围

①工程概况:本建筑物用地概貌属于平缓场地,为二类多层办公建筑,合理使用年限为50年,抗震设防烈度为7度,结构类型为框架结构体系,总建筑面积为3155.18 m²,建筑层数为地上4层,地下1层,檐口距地高度为14.850 m。

②工程地点:武汉市区。

③招标范围:第一标段结构施工图及第二标段建筑施工图的全部内容。

④本工程计划工期为180天,经计算定额工期210天,合同约定开工日期为2019年5月1日。

⑤建筑类型:公共建筑。

2)招标控制价编制依据

该工程的招标控制价依据《建设工程工程量清单计价规范》(GB 50500—2013)、《湖北省房屋建筑与装饰工程(结构屋面)定额》(2018)、《湖北省房屋建筑与装饰工程(装饰措施)定额》(2018)、《湖北省建设工程——公共专业定额》(2018)、《湖北省住房和城乡建设厅办公室关于调整湖北省建设工程计价依据的通知》(鄂建办〔2019〕93号)、武汉市2020年4月武汉建设工程信息价以及配套解释和相关文件,结合工程设计及相关资料、施工现场情况、工程特点及合理的施工方法,以及建设工程项目的相关标准、规范、技术资料编制。

3)造价编制要求

(1)价格约定

①除暂估材料及甲供材料外,材料价格按"武汉市2020年4月武汉建设工程信息价"及市场价计取。

②综合人工(建筑)按115元/工日计,综合人工(装饰)按115元/工日计。

③计税方式按一般计税法,增值税为9%。

④安全文明施工费、规费足额计取。

⑤暂列金额为100万元。

（2）其他要求

①原始地貌暂按室外地坪考虑,开挖设计底标高暂按垫层底标高,放坡宽度暂按300 mm计算,放坡坡度按0.3计算,按挖土考虑,外运距离1 km。

②所有混凝土采用商品混凝土计算。

③旋转玻璃门M5021材料单价按70170.02元/樘计算。

④本工程大型机械进出场费用,暂按塔吊1台、挖机1台计算。

⑤本工程设计的砂浆都为非现拌砂浆,按干混商品砂浆计算。

⑥不考虑总承包服务费及施工配合费。

4)甲供材料一览表(表13.1)

表13.1　甲供材料一览表

序号	名称	规格型号	单位	单价(元)
1	C15商品混凝土	最大粒径40 mm	m³	457
2	C25商品混凝土	最大粒径40 mm	m³	486
3	C30商品混凝土	最大粒径40 mm	m³	499
4	C30 P6商品混凝土	最大粒径40 mm	m³	499

5)材料暂估单价表(表13.2)

表13.2　材料暂估单价表

序号	名称	规格型号	单位	单价(元)
1	面砖		m²	128
2	高级面砖	200 mm×300 mm	m²	45
3	高级地砖	10 mm厚	m²	128
4	防滑地砖	400 mm×400 mm	m²	97
5	深色地砖	400 mm×100 mm	m²	55
6	大理石	800 mm×800 mm	m²	147

6) 计日工表（表 13.3）

表 13.3　计日工表

序号	名称	工程量	单位	单价（元）	备注
1	人工				
	木工	10	工日	350	
	瓦工	10	工日	300	
	钢筋工	10	工日	350	
2	材料				
	砂子（中粗）	5	m³	270	
	水泥	5	m³	460	
3	施工机械				
	载重汽车	1	台班	1000	

7) 评分办法（表 13.4）

表 13.4　评分办法

序号	评标内容	分值范围	说明
1	工程造价	70	不可竞争费单列
2	工程工期	5	招标文件要求工期进行评定
3	工程质量	5	招标文件要求质量进行评定
4	施工组织设计	20	招标工程的施工要求、性质等进行评定

8) 报价单（表 13.5）

表 13.5　报价单

工程名称	第___标段_____（项目名称）	
工程控制价		
其中	安全文明施工措施费（万元）	
	税金（万元）	
	规费（万元）	
除不可竞争费外工程造价（万元）		
措施项目费用合计（不含安全文明施工措施费）（万元）		

9) 工程量清单样表

工程量清单样表参见《建设工程工程量清单计价规范》(GB 50500—2013),主要包括以下表格:

①封面:封-2。

②总说明:表-01。

③单项工程招标控制价汇总表:表-03。

④单位工程招标控制价汇总表:表-04。

⑤分部分项工程和单价措施项目清单与计价表:表-08。

⑥综合单价分析表:表-09。

⑦总价措施项目清单与计价表:表-11。

⑧其他项目清单与计价汇总表:表-11。

⑨暂列金额明细表:表-12-1。

⑩材料(工程设备)暂估单价及调整表:表-12-2。

⑪专业工程暂估价及结算价表:表-12-3。

⑫计日工表:表-12-4。

⑬总承包服务费计价表:表-12-5。

⑭规费、税金项目计价表:表-13。

⑮主要材料价格表。

14 编制招标控制价

通过本章的学习,你将能够:

(1)掌握招标控制价的编制过程和编制方法;

(2)熟悉招标控制价的组成内容。

14.1 新建招标项目结构

通过本节的学习,你将能够:

(1)建立建设项目;

(2)建立单项工程;

(3)建立单位工程;

(4)按标段多级管理工程项目;

(5)修改工程属性。

一、任务说明

在计价软件中完成招标项目的建立。

二、任务分析

①招标项目的单项工程和单位工程分别是什么?

②单位工程的造价构成是什么?各构成所包括的内容分别又是什么?

三、任务实施

①新建项目。单击"新建招投标项目",如图 14.1 所示。

图 14.1

②进入"新建工程",选择"清单计价",并单击"新建招标项目",如图 14.2 所示。

图 14.2

本项目的计价方式:清单计价。项目名称:1 号办公大厦项目。项目编码:001。
修改项目信息如图 14.3 所示。修改完成后,单击"下一步"按钮。

图 14.3

③新建单项工程。在"1 号办公大厦项目"单击鼠标右键,如图 14.4 所示。

图 14.4

选择"新建单项工程"，修改单项工程名称为"1 号办公楼"，如图 14.5 所示。

图 14.5

单击"确定"按钮，完成"1 号办公楼"工程的新建，如图 14.6 所示。

图 14.6

【注意】

在建设项目下,可以新建单项工程;在单项工程下,可以新建单位工程。

单击"完成"按钮,完成项目信息及工程信息的相关内容填写,如图 14.7 和图 14.8 所示。

图 14.7

	名称	内容
41	招标信息	
42	招标人	广联达软件股份有限公司
43	招标人资质证号	
44	招标人法人或其授权人	武汉**工程咨询公司
45	招标人总说明	…
46	工程造价咨询人	
47	工程造价咨询人资质证号	
48	工程造价咨询人法人或其授权人	
49	编制人	
50	编制人资格证号	
51	编制时间	
52	复核人	
53	复核人资格证号	
54	复核时间	
55	招标代理机构	
56	招标代理机构资质证号	

图 14.8

四、任务结果

结果参考图 14.7 和图 14.8。

五、总结拓展

1) 标段结构保护

项目结构建立完成后，为防止误操作而更改项目结构内容，可用鼠标右键单击项目名称，选择"标段结构保护"对项目结构进行保护，如图 14.9 所示。

图 14.9

2) 编辑

①在项目结构中进入单位工程进行编辑时，可直接用鼠标右键双击项目结构中的单位工程名称或者选中需要编辑的单位工程，单击鼠标右键，选择"编辑"即可。

②也可直接用鼠标左键双击"1 号办公楼"及单位工程进入。

14.2 导入 GTJ 算量工程文件

通过本节的学习,你将能够:

(1)导入图形算量文件;

(2)整理清单项;

(3)项目特征描述;

(4)增加、补充清单项。

一、任务说明

①导入图形算量工程文件。

②添加钢筋工程清单和定额,以及相应的钢筋工程量。

③补充其他清单项。

二、任务分析

①图形算量与计价软件的接口在哪里?

②分部分项工程中如何增加钢筋工程量?

三、任务实施

1)导入图形算量文件

①进入单位工程界面,单击"导入导出",选择"导入算量文件",如图 14.10 所示,选择相应图形算量文件。

图 14.10

②弹出如图 14.11 所示的"打开文件"对话框,选择算量文件的所在位置,单击"打开"按钮即可。

图 14.11

③检查列是否对应,无误后单击"导入"按钮即可完成算量工程文件的导入,如图 14.12 所示。

	导入	编码	类别	名称	单位	工程量
1	☑	010101001001	项	平整场地	m2	629.1831
2	☑	G1-319	定	机械场地平整	100m2	6.310231 * 100
3	☑	010101002001	项	挖一般土方	m3	4225.8652
4	☑	G1-65	定	反铲挖掘机挖一般土方 装车(斗容量0.6m3) 三类土	1000m3	4.2258652 * 1000
5	☑	G1-212	定	自卸汽车运土方(载重8t以内) 运距1km以内	1000m3	4.2258652 * 1000
6	☑	010101004001	项	挖基坑土方	m3	149.0068
7	☑	G1-123	定	挖掘机挖沟槽、基坑土方(装车) 三类土	1000m3	0.1490068 * 1000
8	☑	G1-212	定	自卸汽车运土方(载重8t以内) 运距1km以内	1000m3	0.1490068 * 1000
9	☑	010103001001	项	回填方	m3	1656.6886
10	☑	G1-203	定	装载机装土方(斗容1m3) 运距20m以内	1000m3	1.6566886 * 1000
11	☑	G1-212	定	自卸汽车运土方(载重8t以内) 运距1km以内	1000m3	1.6566886 * 1000
12	☑	G1-330	定	回填土 夯填土 机械 地坪	10m3	165.66886 * 10
13	☑	010401001001	项	砖基础	m3	4.2726
14	☑	A1-1	定	砖基础 实心砖直形	10m3	0.42726 * 10
15	☑	010402001001	项	砌块墙	m3	21.6753
16	☑	A1-32	定	蒸压加气混凝土砌块墙 墙厚>150mm砂浆	10m3	2.16753 * 10
17	☑	010402001002	项	砌块墙	m3	121.3996
18	☑	A1-32	定	蒸压加气混凝土砌块墙 墙厚>150mm砂浆	10m3	12.13996 * 10
19	☑	010402001003	项	砌块墙	m3	48.5898
20	☑	A1-32	定	蒸压加气混凝土砌块墙 墙厚>150mm砂浆	10m3	4.85898 * 10
21	☑	010402001004	项	砌块墙	m3	2.4624
22	☑	A1-31	定	蒸压加气混凝土砌块墙 墙厚≤150mm砂浆	10m3	0.24624 * 10
23	☑	010402001005	项	砌块墙	m3	172.5625

图 14.12

2) 整理清单

在分部分项界面进行分部分项整理清单项。

①单击"整理清单",选择"分部整理",如图 14.13 所示。

图 14.13

②弹出如图 14.14 所示的"分部整理"对话框,选择按专业、章、节整理后,单击"确定"按钮。

图 14.14

③清单项整理完成后,如图 14.15 所示。

图 14.15

3)项目特征描述

项目特征描述主要有以下 3 种方法:

①图形算量中已包含项目特征描述的,可以在"特征及内容"界面下选择"应用规则到全部清单"即可,如图 14.16 所示。

图 14.16

②选择清单项,可以在"特征及内容"界面进行添加或修改来完善项目特征,如图 14.17 所示。

	特征	特征值	输出
1	砖品种、规格、强度等级	240mm蒸压灰砂砖	☑
2	基础类型	条形基础	☑
3	砂浆强度等级	干混砌筑砂浆DM M10	☑
4	防潮层材料种类		☐

图 14.17

③直接单击清单项中的"项目特征"对话框,进行修改或添加,如图 14.18 所示。

图 14.18

4)补充清单项

完善分部分项清单,将项目特征补充完整,方法如下:

①单击"插入"按钮,选择"插入清单"和"插入子目",如图 14.19 所示。

图 14.19

②单击鼠标右键,选择"插入清单"和"插入子目",如图 14.20 所示。

图 14.20

该工程需补充的清单子目如下(仅供参考):

①增加钢筋清单项,如图 14.21 所示。

1	⊟ 010515001001	项	现浇构件钢筋	[工作内容] 1. 钢筋制作、运输 2. 钢筋安装 3. 焊接(绑扎)	t		0.217+1.089+2 .727+1.591	5.624	
	─ A2-64	定	现浇构件圆钢筋 HPB300 直径≤10mm		t	1	QDL	5.624	4179.8
2	⊟ 010515001002	项	现浇构件钢筋	[工作内容] 1. 钢筋制作、运输 2. 钢筋安装 3. 焊接(绑扎)	t		0.091	0.091	
	─ A2-65	定	现浇构件圆钢筋 HPB300 直径≤18mm		t	1	QDL	0.091	4163.98
3	⊟ 010515001003	项	现浇构件钢筋	[工作内容] 1. 钢筋制作、运输 2. 钢筋安装 3. 焊接(绑扎)	t		1.286+13.131+ 36.463	50.88	
	─ A2-68	定	现浇构件带肋钢筋 HRB400以内 直径≤10mm		t	1	QDL	50.88	4159.71
4	⊟ 010515001004	项	现浇构件钢筋	[工作内容] 1. 钢筋制作、运输 2. 钢筋安装 3. 焊接(绑扎)	t		48.594+15.256 +2.494+8.977	75.321	
	─ A2-69	定	现浇构件带肋钢筋 HRB400以内 直径≤18mm		t	1	QDL	75.321	4027.26
5	⊟ 010515001005	项	现浇构件钢筋	[工作内容] 1. 钢筋制作、运输 2. 钢筋安装 3. 焊接(绑扎)	t		12.055+7.463+ 48.119	67.637	
	─ A2-70	定	现浇构件带肋钢筋 HRB400以内 直径≤25mm		t	1	QDL	67.637	3820.39

图 14.21

②补充雨水配件等清单项,如图 14.22 所示。

			[工作内容]				
☐ 010902004001	项	屋面排水管	1. 排水管及配件安装、固定 2. 雨水斗、山墙出水口、雨水算子安装 3. 接缝、嵌缝 4. 刷索	m		14.85*4	59.4
└── A6-139	定	塑料管排水 水落管 φ>110mm		100m	0.01	QDL	0.594

图 14.22

四、检查与整理

1) 整体检查

①对分部分项的清单与定额的套用做法进行检查，确认是否有误。

②查看整个分部分项中是否有空格，如有，则删除。

③按清单项目特征描述校核套用定额的一致性，并进行修改。

④查看清单工程量与定额工程量的数据的差别是否正确。

2) 整体进行分部整理

对分部整理完成后出现的"补充分部"清单项，可以调整专业章节位置至应该归类的分部。具体操作如下：

①用鼠标右键单击清单项编辑界面，选择"页面显示列设置"，在弹出的对话框中勾选"指定专业章节位置"，如图 14.23 和图 14.24 所示。

图 14.23

图 14.24

②单击清单项的"指定专业章节位置",弹出"指定专业章节"对话框,选择相应的分部,调整完后再进行分部整理。

五、单价构成

在对清单项进行相应的补充、调整后,需要对清单的单价构成进行费率调整。具体操作如下:

①在工具栏中单击"单价构成",选择"单价构成",如图 14.25 所示。

图 14.25

②根据专业选择对应"管理取费文件"下的对应费率,如图 14.26 所示。

图 14.26

六、任务结果

详见报表实例。

14.3 计价中的换算

通过本节的学习,你将能够:

(1)了解清单与定额的套定一致性;

(2)调整人材机系数;

(3)换算混凝土、砂浆强度等级;

(4)补充或修改材料名称。

一、任务说明

根据招标文件所述的换算内容,完成对应的换算。

二、任务分析

①GTJ 算量与计价软件的接口在哪里?

②分部分项工程中如何换算混凝土、砂浆?

③清单描述与定额子目材料名称不同时,应如何进行修改?

三、任务实施

1）替换子目

根据清单项目特征描述校核套用定额的一致性，如果套用子目不合适，可单击"查询"，选择相应子目进行"替换"，如图14.27所示。

图14.27

2）子目换算

按清单描述进行子目换算时，主要包括以下3个方面的换算。

①调整人材机系数。以砌块墙为例，介绍调整人材机系数的操作方法。定额中说明"定额中的墙体砌筑高度是按3.6 m进行编制的，如超过3.6 m时，其超过部分工程量的定额人工乘以系数1.3"，按相应项目人工乘以系数1.10，其他不变，如图14.28所示。

图14.28

②换算混凝土、砂浆强度等级时,方法如下:

a.标准换算。选择需要换算混凝土强度等级的定额子目,在"标准换算"界面下选择相应的混凝土强度等级,本项目选用的全部为商品混凝土,如图 14.29 所示。

图 14.29

b.批量系数换算。若清单中的材料进行换算的系数相同时,可选中所有换算内容相同的清单项,单击常用功能中的"其他",选择"批量换算",如图 14.30 所示。

图 14.30

③修改材料名称。若项目特征中要求材料与子目相对应人材机材料不相符时,需要对材料名称进行修改。下面以钢筋工程按直径划分为例,介绍人材机中材料名称的修改,如图 14.31 所示。

图 14.31

选择需要修改的定额子目,在"工料机显示"界面下的"规格及型号"一栏备注上直径,如图 14.32 所示。

图 14.32

四、任务结果

详见报表实例。

五、总结拓展

锁定清单

在所有清单补充完整之后,可运用"锁定清单"对所有清单项进行锁定,锁定之后的清单项将不能再进行添加和删除等操作。若要进行修改,需先对清单项进行解锁,如图 14.33 所示。

图 14.33

14.4 其他项目清单

通过本节的学习,你将能够:

(1)编制暂列金额;

(2)编制计工日表。

一、任务说明

①根据招标文件所述,编制其他项目清单。

②按本工程控制价编制要求,本工程暂列金额为 100 万元(列入建筑工程专业)。

二、任务分析

①其他项目清单中哪几项内容不能变动?

②暂估材料价如何调整?计日工是不是综合单价?应如何计算?

三、任务实施

1)添加暂列金额

单击"其他项目",如图 14.34 所示。

		序号	名称	计算基数	费率(%)	金额	费用类别	不可竞争费	不计入合价	备注
□ 圓 其他项目		1	□	其他项目			0			
□ 暂列金额		2	1	暂列金额	暂列金额		0	暂列金额		
□ 专业工程暂估价		3	2	暂估价	暂估价		0	暂估价		
□ 计日工费用		4	2.1	材料(工程设备)暂估价	ZGJCLJQ		0	材料暂估价		☑
□ 总承包服务费		5	2.2	专业工程暂估价	专业工程暂估价		0	专业工程暂估价		☑
□ 索赔及现场签证		6	3	计日工	计日工		0	计日工		
		7	4	总承包服务费	总承包服务费		0	总承包服务费		
		8	5	索赔与现场签证	索赔与现场签证		0	索赔与现场签证		

图 14.34

单击"暂列金额",按招标文件要求暂列金额为 1000000 元,在名称中输入"暂估工程价",在金额中输入"1000000",如图 14.35 所示。

图 14.35

2) 添加计日工

选择"其他项目"→"计日工费用",按招标文件要求,本项目有计日工费用的,需要添加计日工,如图 14.36 所示。

序号		名称	单位	数量	单价	合价	备注
1		计日工				11740	
2	1	人工				8300	
3	1.1	木工	工日	10	250	2500	
4		瓦工	工日	10	300	3000	
5		钢筋工	工日	10	280	2800	
6	2	材料				2440	
7	2.1	砂子	m3	5	128	640	
8		水泥	m3	5	360	1800	
9	3	施工机具使用费				1000	
10	3.1	载重汽车	台班	1	1000	1000	

图 14.36

添加材料时,如需增加费用行,可用鼠标右键单击操作界面,选择"插入费用行"进行添加即可,如图 14.37 所示。

图 14.37

四、任务结果

详见报表实例。

五、总结拓展

总承包服务费

在工程建设施工阶段实行施工总承包时,当招标人在法律、法规允许的范围内对工程进行分包和自行采购供应部分设备、材料时,要总承包人提供相关服务(如分包人使用总包人脚手架、水电接剥等)和施工现场管理等所需的费用。

14.5 编制措施项目

通过本节的学习,你将能够:

(1)编制安全文明施工措施费;

(2)编制脚手架、模板、大型机械等技术措施项目费。

一、任务说明

根据招标文件所述,编制措施项目:

①参照定额及造价文件计取安全文明施工措施费。

②编制垂直运输、脚手架、大型机械进出场费用。

③提取分部分项模板项目,完成模板费用的编制。

二、任务分析

①措施项目中按项计算与按量计算有什么不同? 分别如何调整?

②安全文明施工措施费与其他措施费有什么不同?

三、任务实施

①本工程安全文明施工措施费足额计取,在对应的计算基数和费率一栏中填写即可。

②依据定额计算规则,选择对应的二次搬运费费率和夜间施工增加费费率。本项目不考虑二次搬运、夜间施工及冬雨季施工。

③提取模板项目,正确选择对应模板项目以及需要计算超高的项目。在措施项目界面"其他"下拉菜单中选择"提取模板项目",如果是从图形软件导入结果,就可以省略上面的操作,如图 14.38 和图 14.39 所示。

④完成垂直运输的编制,如图 14.40 所示。

图 14.38

图 14.39

	011701001001		综合脚手架		1.建筑结构形式：框架结构 2.檐口高度：14.85	可计量清单				3159.86	55.51
	A17-7	定	多层建筑综合脚手架 檐高20m以内							31.598584	5550.89
	011703001001		垂直运输		1.建筑物结构类型及结构形式：现浇框架结构 2.建筑物檐口高度、层数：檐口高度14.85 层数四层	可计量清单				3159.86	38.12
	A18-5	定	檐高20m以内 塔式起重机施工							31.5986	3812.34

图 14.40

四、任务结果

详见报表实例。

14.6 调整人材机

通过本节的学习,你将能够:
(1)调整定额工日;
(2)调整材料价格;
(3)增加甲供材料;
(4)添加暂估材料。

一、任务说明

根据招标文件所述导入信息价,按招标要求修正人材机价格:

①按照招标文件规定,计取相应的人工费。

②材料价格按"武汉市 2020 年 4 月武汉建设工程信息价"及市场价调整。

③根据招标文件编制甲供材料及暂估材料。

二、任务分析

①有效信息价是如何导入的? 哪些类型的价格需要调整?

②甲供材料价格如何调整?

③暂估材料价格如何调整?

三、任务实施

①在"人材机汇总"界面下,参照招标文件要求的"武汉市 2020 年 4 月武汉建设工程信息价"对材料"市场价"进行调整,如图 14.41 所示。

编码	类别	名称	规格型号	单位	数量	预算价	市场价	市场价合计	价差	价差合计	供货方式	甲供数量	二次
00010101	人	普工		工日	1633.998	92	92	150327.82	0	0	自行采购		
00010102	人	技工		工日	2610.089	142	142	370632.64	0	0	自行采购		
00010103	人	高级技工		工日	152.372	212	212	32302.86	0	0	自行采购		
CL17001560	材	安全网		m2	655.671	10.27	10.27	6733.74	0	0	自行采购		
CL17001910	材	白水泥		kg	1.159	0.53	0.56	0.65	0.03	0.03	自行采购		
CL17002090	材	板枋材		m3	33.928	2479.49	1951.02	66194.21	−528.47	−17929.93	自行采购		
CL17004910	材	不锈钢焊丝 1.1~3		kg	5.787	16.26	16.26	94.1	0	0	自行采购		
CL17004960	材	不锈钢合页		个	210.08	10.27	10.27	2157.52	0	0	自行采购		
CL17005750	材	不锈钢型材		kg	303.775	28.21	28.21	8569.49	0	0	自行采购		
CL17007410	材	成品装饰单开木门及门套 复合 0.9m*2.1m		樘	104	878.48	878.48	91361.92	0	0	自行采购		
CL17009180	材	单开门扇		把	104	109.81	109.81	11420.24	0	0	自行采购		
CL17009570	材	挡脚板		m3	0.474	1685.3	1685.3	798.83	0	0	自行采购		
CL17009950	材	低合金钢焊条 E43系列		kg	683.331	6.92	6.92	4728.65	0	0	自行采购		
CL17010010	材	低碳钢焊条 J422 φ4.0		kg	0.169	3.68	3.68	0.62	0	0	自行采购		
CL17010450	材	地脚螺栓 M24*600		套	36.545	11.88	11.88	434.15	0	0	自行采购		
CL17010690	材	电		kW·h	525.046	0.75	0.59	309.78	−0.16	−84.01	自行采购		
CL17011570	材	垫木 60*60*60		块	126.963	0.52	0.52	66.02	0	0	自行采购		
CL17014820	材	镀锌双头螺栓 M12*350		套	36.545	2.9	2.9	105.98	0	0	自行采购		
CL17015210	材	镀锌铁丝 φ0.7		kg	695.622	4.28	4.28	2977.26	0	0	自行采购		
CL17015400	材	镀锌铁丝 φ4.0		kg	690.665	4.28	4.28	2956.05	0	0	自行采购		
CL17016180	材	对拉螺栓		kg	1695.202	5.92	5.92	10035.6	0	0	自行采购		
CL17016470	材	发泡剂 750mL		支	104	17.56	17.56	1826.24	0	0	自行采购		
CL17017730	材	防水浆条		m3	0.063	2479.26	2479.26	156.19	0	0	自行采购		
CL17020430	材	钢管 φ48*3.5		km·天	2943.345	18.05	18.05	53127.38	0	0	自行采购		
CL17020480	材	钢管底座		千个·天	56.719	76.92	76.92	4362.83	0	0	自行采购		
CL17021040	材	钢筋 综合		kg	17.76	3.09	3.09	54.86	0	0	自行采购		

图 14.41

②按照招标文件的要求,对于甲供材料可以在供货方式处选择"甲供材料",如图14.42所示。

编码	类别	名称	规格型号	单位	数量	预算价	市场价	市场价合计	价差	价差合计	供货方式
CL17065400	商砼	预拌混凝土 C15		m3	78.219	329.32	437.47	25759.08	0	0	甲供材料
CL17065400	商砼	预拌混凝土 C15		m3	114.504	329.32	437.47	50648.55	113.01	12940.1	甲供材料
CL17065430	商砼	预拌混凝土 C25		m3	42.518	358.45	466.6	20045.11	113	4804.53	甲供材料
CL17065450	商砼	预拌混凝土 C30		m3	760.452	371.07	479.22	368119.6	113.01	85938.68	甲供材料
CL17065450	商砼	预拌混凝土 C30	C30 F6 防水混…	m3	543.103	371.07	479.22	262905.3	113.01	61376.07	甲供材料
CL17065450	商砼	预拌混凝土 C30		m3	0.285	371.07	479.22	105.75	0	0	甲供材料

图14.42

③按照招标文件要求,对于暂估材料表中要求的暂估材料,可以在"人材机汇总"中将暂估材料选中,如图14.43所示。

编码	类别	名称	规格型号	单位	供货方式	甲供数量	二次分析	直接修改单价	是否暂估	价格来源	市场价锁定
CL17056790	材	陶瓷地砖 综合		m2	自行采购				☑		☑
CL17040980	材	面砖 200*300		m2	自行采购				☑		☑
CL17041020	材	面砖 800*800		m2	自行采购				☑		☑
CL17049920	材	石材 综合		m2	自行采购				☑		☑
CL17057030	材	天然石材饰面板 800*800		m2	自行采购				☑		☑
CL17057000	材	天然石材饰面板		m2	自行采购				☑		☑

图14.43

四、任务结果

详见报表实例。

五、总结拓展

1) 市场价锁定

对于招标文件要求的内容,如甲供材料表、暂估材料表中涉及的材料价格是不能进行调整的,为了避免在调整其他材料价格时出现操作失误,可使用"市场价锁定"对修改后的材料价格进行锁定,如图14.44所示。

编码	类别	名称	规格型号	单位	供货方式	甲供数量	二次分析	直接修改单价	是否暂估	价格来源	市场价锁定
CL17056790	材	陶瓷地砖 综合		m2	自行采购				☑		☑
CL17040980	材	面砖 200*300		m2	自行采购				☑		☑
CL17041020	材	面砖 800*800		m2	自行采购				☑		☑
CL17049920	材	石材 综合		m2	自行采购				☑		☑
CL17057030	材	天然石材饰面板 800*800		m2	自行采购				☑		☑
CL17057000	材	天然石材饰面板		m2	自行采购				☑		☑

图14.44

2) 显示对应子目

对于"人材机汇总"中出现的材料名称异常或数量异常的情况,可直接用鼠标右键单击相应材料,选择"显示对应子目",在分部分项中对材料进行修改,如图14.45所示。

图14.45

3)市场价存档

对于同一个项目的多个标段,发包方会要求所有标段的材料价保持一致,在调整好一个标段的材料价后,可运用"存价"将此材料价运用到其他标段,如图 14.46 所示。

图 14.46

在其他标段的"人材机汇总"中使用该市场价文件时,可运用"载价",载入 Excel 市场价文件,如图 14.47 所示。

图 14.47

在导入 Excel 市场价文件时,按如图 14.48 所示的顺序进行操作。

导入 Excel 市场价文件之后,需要先识别材料号、名称、规格、单位、单价等信息,如图 14.49所示。

识别完需要的信息后,需要选择匹配选项,然后单击"导入"按钮即可,如图 14.50 所示。

图 14.48

图 14.49

图 14.50

14.7 计取规费和税金

通过本节的学习,你将能够:

(1)查看费用汇总;

(2)修改报表样式;

(3)调整规费、税金。

一、任务说明

在预览报表状态下对报表格式及相关内容进行调整和修改,根据招标文件所述内容和定额规定计取规费和税金。

二、任务分析

①规费都包含哪些项目?

②税金是如何确定的?

三、任务实施

①在"费用汇总"界面,查看"工程费用构成",如图 14.51 所示。

	序号	费用代号	名称	计算基数	基数说明	费率(%)
1	一	A	分部分项工程和单价措施项目	FBFXHJ_HBG+DJCS_HBG	分部分项合计_含包干+单价措施_含包干	
2	1.1	A1	其中:人工费	RGF+DJCS_RGF	分部分项人工费+单价措施人工费	
3	1.2	A2	其中:施工机具使用费	JXF+DJCS_JXF	分部分项机械费+单价措施机械费	
4	1.3	A3	其中:安全文明施工费	AQWMSGF	安全文明施工费	
5	二	B	其他项目费	QTXMHJ	其他项目合计	
6	三		甲供费用(单列不计入造价)	JGCLF+JGZCF+JGSBF	甲供材料费+甲供主材费+甲供设备费	
7	四	C	含税工程造价	A+B	分部分项工程和单价措施项目+其他项目费	

图 14.51

【注意】

费用汇总中可查看规费和税金等,规费和税金的基数和费率可进行调整。

②进入"报表"界面,选择"招标控制价",勾选需要输出的报表,单击鼠标右键选择"报表设计器",如图 14.52 所示;或直接单击"报表设计器",进入"报表设计器"界面调整列宽及行距,如图 14.53 所示。

③单击文件,选择"报表设计预览",如需修改,关闭预览,重新调整。

图 14.52

图 14.53

四、任务结果

详见报表实例。

五、总结拓展

调整规费

如果招标文件对规费有特别要求的,可在规费的费率一栏中进行调整,如图 14.54 所示。本项目没有特别要求的,按软件默认设置即可。

	名称	费率值(%)
1	养老保险金	12.68
2	失业保险金	1.27
3	医疗保险金	4.02
4	工伤保险金	1.48
5	生育保险金	0.63
6	住房公积金	5.29
7	工程排污费	1.48

定额库： 湖北省房屋建筑与装饰工程消耗量定额及全费用基价表(2

增值税(一般计税方法)
　计价程序类
　　企业管理费
　　利润
　　规费
　　　房屋建筑工程
　　　装饰工程
　　　通用安装工程
　　　市政工程
　　　园建工程
　　　绿化工程
　　　土石方工程
　税金
　措施项目类

图 14.54

14.8 生成电子招标文件

通过本节的学习,你将能够:

(1)使用"项目自检"功能进行检查并对检查结果进行修改;

(2)运用软件生成招标书。

一、任务说明

根据招标文件所述内容生成招标书。

二、任务分析

①输出招标文件之前有检查要求吗?

②输出的招标文件是什么类型? 如何使用?

三、任务实施

1)项目自检

①在"编制"页签下,单击"项目自检",如图 14.55 所示。

图 14.55

②在"项目自检"对话框中,选择需要检查的项目名称,可以设置检查范围和检查内容,如图 14.56 所示。

图 14.56

③根据生成的"检查结果"对单位工程中的内容进行修改,检查报告如图 14.57 所示。

图 14.57

④还可通过"云检查",判断工程造价计算的合理性,如图 14.58 所示。

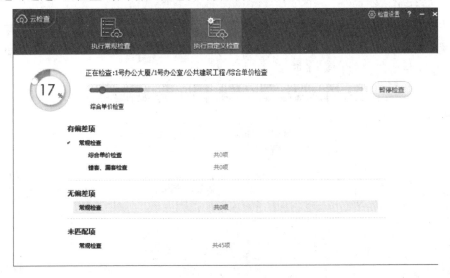

图 14.58

2)生成招标书。

①在"电子标"页签下,单击"生成招标书",如图 14.59 所示。

图 14.59

②在"导出标书"对话框中,选择导出位置以及需要导出的标书类型,单击"确定"按钮即可,如图 14.60 所示。

图 14.60

四、任务结果

详见报表实例。

五、总结拓展

在生成招标书之前,软件会进行友情提醒:"生成标书之前,最好进行自检",以免出现不必要的错误!假如未进行项目自检,则可单击"是",进入"项目自检"界面;假如已进行项目自检,则可单击"否",如图 14.61 所示。

图 14.61

15 报表实例

通过本章的学习,你将能够:
熟悉编制招标控制价时需要打印的表格。

一、任务说明
按照招标文件的要求,打印相应的报表,并装订成册。

二、任务分析
①招标文件的内容和格式是如何规定的?
②如何检查打印前的报表是否符合要求?

三、任务实施
①检查报表样式。
②设定需要打印的报表。

四、任务结果
工程量清单招标控制价实例(由于篇幅限制,本书仅提供报表的部分内容,全部内容详见电子版)。

<u>　1 号办公楼　</u>　工程

招标控制价

招标控制价(小写):5807897.52 元<u>　　　　　　　　　　　　　　　　</u>

　　　　(大写):<u>伍佰捌拾万柒仟捌佰玖拾柒元伍角贰分　　　　　</u>

招　标　人:<u>　　　　　　　　　　</u>　　　　　造价咨询人:<u>　　　　　　　　　　</u>
　　　　　　　　(单位盖章)　　　　　　　　　　　　　　(单位资质专用章)

法定代理人　　　　　　　　　　　　　　　法定代理人
或其授权人:<u>　　　　　　　　　　</u>　　　　或其授权人:<u>　　　　　　　　　　</u>
　　　　　　　　(签字或盖章)　　　　　　　　　　　　　　(签字或盖章)

编　制　人:<u>　　　　　　　　　　</u>　　　　　复　核　人:<u>　　　　　　　　　　</u>
　　　　　(造价人员签字盖专用章)　　　　　　　　(造价工程师签字盖专用章)

编制时间:　年　月　日　　　　　　　　　复核时间:　年　月　日

扉-2

建设项目招标控制价汇总表

工程名称:1号办公楼　　　　　　　　　　　　　　　　　　　　　第 1 页　共 1 页

序号	单项工程名称	金额(元)	其中:(元)		
			暂估价	安全文明施工费	规费
1	1号办公楼	5807897.52	347760.42	130004.49	223171.96
	合计	5807897.52	347760.42	130004.49	223171.96
	建设项目数据				
	人工费	962842.46			
	材料费	2622860.51			
	施工机具使用费	133950.75			
	费用	808665.05			
	主材费				
	设备费				
	增值税	479555.72			

单项工程招标控制价汇总表

工程名称:1号办公楼   第 1 页　共 1 页

序号	单项工程名称	金额(元)	其中:(元)		
			暂估价	安全文明施工费	规费
1	建筑	4043693.79		102347.94	172718.17
2	装饰	1764203.73	347760.42	27656.55	50453.79
	合计	5807897.52	347760.42	130004.49	223171.96
	单项工程数据				
	人工费	962842.46			
	材料费	2622860.51			
	施工机具使用费	133950.75			
	费用	808665.05			
	主材费				
	设备费				
	增值税	479555.72			

单位工程招标控制价汇总表

工程名称:建筑　　　　　标段:1号办公楼　　　　　第 1 页　共 1 页

序号	汇总内容	金额(元)	其中:暂估价(元)
一	分部分项工程和单价措施项目	3146750.77	
1.1	其中:人工费	562994.6	
1.2	其中:施工机具使用费	112963.66	
1.3	其中:安全文明施工费	102347.94	
1.4	土石方工程	102426.83	
1.5	砌筑工程	349893.98	
1.6	混凝土及钢筋混凝土工程	1308309.17	
1.7	金属结构工程	27583.62	
1.8	门窗工程	446577.25	
1.9	建筑和装饰工程	4356.49	
二	其他项目费	896943.02	—
三	甲供费用(单列不计入造价)	723279.31	
四	含税工程造价	4043693.79	
	单位工程数据		
	人工费	572994.6	
	材料费	1623074.61	
	施工机具使用费	113963.66	
	费用	599772.23	
	主材费	0	
	设备费	0	
	增值税	333896.5	
	招标控制价合计	4043693.79	

注:本表适用于单位工程招标控制价或投标报价的汇总,如无单位工程划分,单项工程也使用本表汇总。

分部分项工程和单价措施项目清单与计价表

工程名称:建筑　　　　　　　标段:1 号办公楼　　　　　　　第 1 页　共 7 页

序号	项目编码	项目名称	项目特征描述	计量单位	工程量	金额(元)		
						综合单价	合价	其中 暂估价
	A.1	土石方工程						
1	010101001001	平整场地	(1)土壤类别:三类土 (2)弃土运距:1 km	m²	629.18	1.71	1075.9	
2	010101002001	挖一般土方	(1)土壤类别:三类土 (2)挖土深度:6 m 内 (3)弃土运距:1 km	m³	4225.87	14.12	59669.28	
3	010101004001	挖基坑土方	(1)土壤类别:三类土 (2)挖土深度:6 m 内 (3)弃土运距:1 km	m³	149.01	17.23	2567.44	
4	010103001001	回填方	(1)密实度要求:满足设计规范 (2)填方材料品种:3:7灰土回填 (3)填方粒径要求:满足设计规范 (4)填方来源、运距:1 km (5)部位:大开挖	m³	1656.68	23.61	39114.21	
		分部小计					102426.83	
	A.4	砌筑工程						
5	010401001001	砖基础	(1)砖品种、规格、强度等级:240 mm 厚蒸压灰砂砖 (2)基础类型:条形 (3)砂浆强度等级:干混砌筑砂浆 DM M10	m³	4.27	668.78	2855.69	
6	010401003001	实心砖墙	(1)砌块品种、规格、强度等级:240 mm 厚蒸压灰砂砖 (2)墙体类型:女儿墙 (3)砂浆强度等级:干混砌筑砂浆 DM M10 (4)墙体高度:3.6 m 以内	m³	21.68	729.36	15812.52	
7	010402001001	砌块墙	(1)砌块品种、规格、强度等级:250 mm 厚加气混凝土砌块 (2)墙体类型:外墙 (3)砂浆强度等级:干混砌筑砂浆 DM M10 (4)墙体高度:3.6 m 以内	m³	169.84	600.2	101937.97	
		本页小计					223033.01	

注:为计取规费等的使用,可在表中增设其中:"定额人工费"。

分部分项工程和单价措施项目清单与计价表

工程名称:建筑　　　　　　标段:1号办公楼　　　　　　第2页　共7页

序号	项目编码	项目名称	项目特征描述	计量单位	工程量	金额(元)		其中
						综合单价	合价	暂估价
8	010402001002	砌块墙	(1)砌块品种、规格、强度等级:200 mm 厚加气混凝土砌块 (2)墙体类型:内墙 (3)砂浆强度等级:干混砌筑砂浆 DM M10 (4)墙体高度:3.6 m 以内	m³	378.69	600.2	227289.74	
9	010402001003	砌块墙	(1)砌块品种、规格、强度等级:100 mm 厚加气混凝土砌块 (2)墙体类型:外墙(转角带形窗墙) (3)砂浆强度等级:干混砌筑砂浆 DM M10 (4)墙体高度:3.6 m 以内	m³	2.46	612.15	1505.89	
10	010402001004	砌块墙	(1)砌块品种、规格、强度等级:300 mm 厚加气混凝土砌块 (2)墙体类型:内墙 (3)砂浆强度等级:干混砌筑砂浆 DM M10 (4)墙体高度:3.6 m 以内	m³	0.82	600.21	492.17	
		分部小计					349893.98	
	A.5	混凝土及钢筋混凝土工程						
11	010501001001	垫层	(1)混凝土种类:商品混凝土 (2)混凝土强度等级:C15	m³	106.55	96.83	10317.24	
12	010501003001	独立基础	(1)混凝土种类:商品混凝土 (2)混凝土强度等级:C30	m³	65.33	69.39	4533.25	
13	010501004001	满堂基础	(1)混凝土种类:商品混凝土(防水混凝土) (2)混凝土强度等级:C30 P6	m³	316.76	78.31	24805.48	
14	010502001001	矩形柱	(1)混凝土种类:商品混凝土 (2)混凝土强度等级:C30	m³	151.3	166.85	25244.41	
15	010502002001	构造柱	(1)混凝土种类:商品混凝土 (2)混凝土强度等级:C25	m³	17.9	271.86	4866.29	
16	010503002001	矩形梁	(1)混凝土种类:商品混凝土 (2)混凝土强度等级:C30	m³	3.41	71.91	245.21	
17	010503004001	圈梁	(1)混凝土种类:商品混凝土 (2)混凝土强度等级:C25	m³	16.86	227.65	3838.18	
		本页小计					303137.86	

注:为计取规费等的使用,可在表中增设其中:"定额人工费"。

分部分项工程和单价措施项目清单与计价表

工程名称:建筑　　　　　　　　　　标段:1号办公楼　　　　　　　　　第 3 页　共 7 页

序号	项目编码	项目名称	项目特征描述	计量单位	工程量	金额(元)		
						综合单价	合价	其中 暂估价
18	010503005001	过梁	(1)混凝土种类:商品混凝土 (2)混凝土强度等级:C25	m³	5.77	271.52	1566.67	
19	010504001001	直形墙	部位:电梯井壁 (1)混凝土种类:商品混凝土 (2)混凝土强度等级:C30	m³	36.92	112	4135.04	
20	010504001002	直形墙	(1)混凝土种类:商品混凝土 (2)混凝土强度等级:C30	m³	0.11	108.45	11.93	
21	010504001003	直形墙	部位:地下室墙 (1)混凝土种类:商品混凝土 (2)混凝土强度等级:C30	m³	4.88	108.48	529.38	
22	010504001004	直形墙	部位:地下室墙 (1)混凝土种类:商品混凝土(防水混凝土) (2)混凝土强度等级:C30 P6	m³	125.6	108.48	13625.09	
23	010504002001	弧形墙	部位:地下室墙(弧形) (1)混凝土种类:商品混凝土(防水混凝土) (2)混凝土强度等级:C30 P6	m³	8.05	108.56	873.91	
24	010505001001	有梁板	(1)混凝土种类:商品混凝土 (2)混凝土强度等级:C30	m³	453.86	82.83	37593.22	
25	010505001001	有梁板	(1)混凝土种类:商品混凝土 (2)混凝土强度等级:C30	m³	7.02	120.96	849.14	
26	010505001001	有梁板	(1)混凝土种类:商品混凝土(防水混凝土) (2)混凝土强度等级:C30 P6	m³	98.53	82.83	8161.24	
27	010505006001	栏板	(1)混凝土种类:商品混凝土 (2)混凝土强度等级:C30 (3)部位:阳台及飘窗上下部栏板	m³	10.46	255.97	2677.45	
28	010506001001	直形楼梯	直形楼梯 (1)混凝土种类:商品混凝土 (2)混凝土强度等级:C30	m²	66.45	60.07	3991.65	
29	010507001001	散水、坡道	(1)垫层材料种类、厚度:150 mm 厚3:7灰土宽出面层 300 mm (2)面层厚度:60 mm (3)混凝土种类:商品混凝土 (4)混凝土强度等级:C15	m²	98.09	281.59	27621.16	
			本页小计				101635.88	

注:为计取规费等的使用,可在表中增设其中:"定额人工费"。

分部分项工程和单价措施项目清单与计价表

工程名称:建筑 　　　　标段:1号办公楼 　　　　第 4 页　共 7 页

序号	项目编码	项目名称	项目特征描述	计量单位	工程量	金额(元)		
						综合单价	合价	其中 暂估价
30	010507004001	台阶	(1)踏步高、宽:150 mm×300 mm (2)混凝土种类:商品混凝土 (3)混凝土强度等级:C15 (4)厚度:100 mm (5)垫层材料种类、厚度:300 mm 厚 3:7灰土垫层分两步夯实 (6)面层:20 mm 厚花岗岩板铺面,正、背面及四周满涂防污剂,稀水泥浆擦缝 (7)黏结层:30 mm 厚干混砌筑砂浆 DM M10 黏结层	m²	7.68	598.7	4598.02	
31	010507005001	扶手、压顶	(1)截面尺寸:300 mm×60 mm (2)混凝土种类:商品混凝土 (3)混凝土强度等级:C25	m³	2.17	328.52	712.89	
32	010515001001	现浇构件钢筋	钢筋种类、规格:HPB300 直径 10 mm 以内	t	5.624	6223.7	35002.09	
33	010515001002	现浇构件钢筋	钢筋种类、规格:HPB300 直径 18 mm 以内	t	0.091	5904.07	537.27	
34	010515001003	现浇构件钢筋	钢筋种类、规格:HPB400 直径 10 mm 以内	t	50.837	5933.97	301665.23	
35	010515001004	现浇构件钢筋	钢筋种类、规格:HPB400 直径 18 mm 以内	t	75.325	5887.07	443443.55	
36	010515001005	现浇构件钢筋	钢筋种类、规格:HPB400 直径 25 mm 以内	t	67.637	5128.32	346864.18	
		分部小计					1308309.17	
	A.6	金属结构工程						
37	010607003001	成品雨篷	材料品种、规格:成品玻璃钢雨篷	m²	27.72	995.08	27583.62	
		分部小计					27583.62	
	A.8	门窗工程						
38	010801002001	木质门带套	(1)门代号及洞口尺寸:M1021 (2)门框或扇外围尺寸:1000 mm×2100 mm (3)门框扇材质:木质门	樘	104	1325.16	137816.64	
		本页小计					1298223.49	

注:为计取规费等的使用,可在表中增设其中:"定额人工费"。

分部分项工程和单价措施项目清单与计价表

工程名称:建筑　　　　　　　　标段:1号办公楼　　　　　　第 5 页　共 7 页

序号	项目编码	项目名称	项目特征描述	计量单位	工程量	金额(元)		其中
						综合单价	合价	暂估价
39	010802003001	钢质防火门	(1)门代号及洞口尺寸:FM乙1121 (2)门框或扇外围尺寸:1100 mm×2100 mm (3)门框扇材质:乙级钢制防火门	m²	4.62	770.62	3560.26	
40	010802003002	钢质防火门	(1)门代号及洞口尺寸:FM甲1121 (2)门框或扇外围尺寸:1100 mm×2100 mm (3)门框扇材质:甲级钢制防火门	m²	4.2	770.62	3236.6	
41	010805002001	旋转门	(1)门代号及洞口尺寸:M5021 (2)门框或扇外围尺寸:5000 mm×2100 mm (3)门框扇材质:旋转玻璃门	樘	1	79572.58	79572.58	
42	010807001001	金属(塑钢、断桥)窗	窗代号及洞口尺寸:ZJC1	m²	215.54	346.07	74591.93	
43	010807001002	金属(塑钢、断桥)窗	窗代号及洞口尺寸:C2424	m²	69.12	346.07	23920.36	
44	010807001003	金属(塑钢、断桥)窗	窗代号及洞口尺寸:C1524	m²	28.8	346.07	9966.82	
45	010807001004	金属(塑钢、断桥)窗	窗代号及洞口尺寸:C1824	m²	69.12	346.07	23920.36	
46	010807001005	金属(塑钢、断桥)窗	窗代号及洞口尺寸:C0924	m²	42.24	346.07	14618	
47	010807001006	金属(塑钢、断桥)窗	窗代号及洞口尺寸:C5027	m²	40.5	346.07	14015.84	
48	010807001007	金属(塑钢、断桥)窗	窗代号及洞口尺寸:C1624	m²	30.72	346.07	10631.27	
49	010807007001	金属(塑钢、断桥)飘(凸)窗	窗代号及洞口尺寸:PC1	m²	80.64	629.05	50726.59	
		分部小计					446577.25	
	J.1	建筑和装饰工程						
			本页小计				308760.61	

注:为计取规费等的使用,可在表中增设其中:"定额人工费"。

分部分项工程和单价措施项目清单与计价表

工程名称:建筑　　　　　　　　标段:1号办公楼　　　　　　　　第6页　共7页

序号	项目编码	项目名称	项目特征描述	计量单位	工程量	金额(元)		
						综合单价	合价	其中暂估价
50	170403003001	钢筋网片	(1)钢筋种类:HPB235 (2)钢筋规格:A6@150 (3)钢筋含量:1.358 kg/m²	t	0.622	7004	4356.49	
		分部小计					4356.49	
		措施项目						
51	011701001001	综合脚手架	(1)建筑结构形式:框架结构 (2)檐口高度:14.85 mm	m²	3159.86	55.48	175309.03	
52	011702001001	基础	基础类型:独立基础	m²	78.64	77.4	6086.74	
53	011702001002	基础	基础类型:垫层	m²	20.53	59.19	1215.17	
54	011702001003	基础	基础类型:满堂基础	m²	48.23	60.56	2920.81	
55	011702002001	矩形柱	模板高度:3.6 m以内	m²	262.6	202.76	53244.78	
56	011702002002	矩形柱	模板高度:3.6 m以上	m²	384.65	85.29	32806.8	
57	011702003001	构造柱		m²	196.94	64.55	12712.48	
58	011702006001	矩形梁	模板高度:3.6 m以内	m²	18.69	72.62	1357.27	
59	011702006002	矩形梁	模板高度:3.6 m以上	m²	17.69	74.31	1314.54	
60	011702008001	圈梁		m²	133.56	166.05	22177.64	
61	011702009001	过梁		m²	83.26	110.81	9226.04	
62	011702011001	直形墙	模板高度:3.6 m以上	m²	475.83	88.73	42220.4	
63	011702012001	弧形墙	模板高度:3.6 m以上	m²	25	127.94	3198.5	
64	011702013001	短肢剪力墙、电梯井壁	模板高度:3.6 m以内	m²	204.28	87.99	17974.6	
65	011702013002	短肢剪力墙、电梯井壁	模板高度:3.6 m以内	m²	2.71	75.8	205.42	
66	011702013003	短肢剪力墙、电梯井壁	模板高度:3.6 m以上	m²	161.16	88.8	14311.01	
		本页小计					400637.72	

注:为计取规费等的使用,可在表中增设其中:"定额人工费"。

分部分项工程和单价措施项目清单与计价表

工程名称:建筑　　　　　　　　　标段:1号办公楼　　　　　　　　　第 7 页　共 7 页

序号	项目编码	项目名称	项目特征描述	计量单位	工程量	金额(元)		其中
						综合单价	合价	暂估价
67	011702014001	有梁板	模板高度:3.6 m 以内	m²	2431.94	82.2	199905.47	
68	011702014001	有梁板	模板高度:3.6 m 以内	m²	48.35	170.25	8231.59	
69	011702014002	有梁板	模板高度:3.6 m 以上	m²	1469.74	88.87	130615.79	
70	011702014002	有梁板	模板高度:3.6 m 以上	m²	15.26	173.82	2652.49	
71	011702021001	栏板	部位:阳台及飘窗上下部栏板	m²	154.73	104.81	16217.25	
72	011702024001	楼梯	直形楼梯	m²	61.47	219.16	13471.77	
73	011702027001	台阶		m²	7.68	81.28	624.23	
74	011702028001	扶手	部位:女儿墙压顶	m²	250.7	82.7	20732.89	
75	011702029001	散水	部位:散水	m²	7.08	120.05	849.95	
76	011703001001	垂直运输	(1)建筑物建筑类型及结构形式:现浇框架结构 (2)建筑物檐口高度、层数:檐口高度 14.85 m 层数四层	m²	3159.86	37.35	118020.77	
		分部小计					907603.43	
		本页小计					511322.2	
		合　计					3146750.77	

注:为计取规费等的使用,可在表中增设其中:"定额人工费"。

其他项目清单与计价汇总表

工程名称:建筑　　　　　　　标段:1号办公楼　　　　　　　第 1 页　共 1 页

序号	项目名称	金额(元)	结算金额(元)	备注
1	暂列金额	800000		明细详见表-12-1
2	暂估价			
2.1	材料暂估价			明细详见表-12-2
2.2	专业工程暂估价			明细详见表-12-3
3	计日工	22883.5		明细详见表-12-4
4	总承包服务费			明细详见表-12-5
5	索赔与现场签证费			
6	增值税	74059.52		

暂列金额明细表

工程名称:建筑　　　　　　　　　标段:1 号办公楼　　　　　　　　　第 1 页　共 1 页

序号	项目名称	计量单位	暂定金额(元)	备注
1	暂估工程价	元	800000	

计日工表

工程名称:建筑　　　　　标段:1号办公楼　　　　　第 1 页　共 1 页

编号	项目名称	单位	暂定数量	单价(元)	合价(元)
1	人工				
1.1	木工	工日	10	350	3500
	瓦工	工日	10	300	3000
	钢筋工	工日	10	350	3500
人工小计					10000
2	材料				
2.1	砂子	m³	5	270	1350
	水泥	m³	5	460	2300
材料小计					3650
3	施工机具使用费				
3.1	载重汽车	台班	1	1000	1000
施工机具使用费小计					1000
4	费用				8233.5

发包人提供材料和工程设备一览表

工程名称:建筑　　　　　　　　标段:1 号办公楼　　　　　　　第 1 页　共 1 页

序号	材料(工程设备)名称、规格、型号	单位	数量	单价(元)	交货方式	送达地点	备注
1	预拌混凝土 C15	m^3	114.509	457			
2	预拌混凝土 C25	m^3	42.586	486			
3	预拌混凝土 C30	m^3	760.265	499			
4	预拌混凝土 C30 P6 防水混凝土	m^3	542.845	499			

单位工程招标控制价汇总表

工程名称:建筑　　　　　标段:1号办公楼　　　　　第 1 页　共 1 页

序号	汇总内容	金额(元)	其中:暂估价(元)
一	分部分项工程和单价措施项目	1764203.73	347760.42
1.1	其中:人工费	389847.86	
1.2	其中:施工机具使用费	19987.09	
1.3	其中:安全文明施工费	27656.55	
1.4	屋面及防水工程	253615.25	
1.5	楼地面装饰工程	751526.05	228378.11
1.6	墙、柱面装饰与隔断、幕墙工程	379139	119382.31
1.7	天棚工程	196429.94	
1.8	油漆、涂料、裱糊工程	155521.05	
1.9	其他装饰工程	27972.44	
二	其他项目费		—
三	甲供费用(单列不计入造价)		
四	含税工程造价	1764203.73	
	单位工程数据		
	人工费	389847.86	
	材料费	999785.9	
	施工机具使用费	19987.09	
	费用	208892.82	
	主材费	0	
	设备费	0	
	增值税	145659.22	

分部分项工程和单价措施项目清单与计价表

工程名称：建筑　　　　　　　　标段：1 号办公楼　　　　　　　第 1 页　共 7 页

序号	项目编码	项目名称	项目特征描述	计量单位	工程量	金额（元）		
						综合单价	合价	其中暂估价
	A.9	屋面及防水工程						
1	010902001001	屋面卷材防水	(1)卷材品种、规格、厚度：SBS 改性沥青防水卷材(屋面 1)四周卷边 250 mm (2)防水层数：1 (3)防水层做法：热熔法 (4)找坡层：平均 40 mm 厚 1：8水泥珍珠岩找 2%坡 (5)找平层：20 mm 厚干混地面砂浆 DS M20 找平层 (6)保温层：采用 80 mm 厚现喷硬质发泡聚氨酯	m²	648.33	252.5	163703.33	
2	010902004001	屋面排水管	排水管品种、规格：塑料排水管 公称直径 100 mm	m	59.4	42.76	2539.94	
3	010903001001	墙面卷材防水	(1)卷材品种、规格、厚度：SBS 改性沥青防水卷材(结构防水) (2)防水层数：2 层(3 mm+3 mm) (3)防水层做法：热熔法	m²	458.56	116.58	53458.92	
4	010903002001	墙面涂膜防水	(1)防水膜品种：聚氨酯涂膜防水 (2)涂膜厚度、遍数：1.5 mm (3)底面：15 mm 厚干混抹灰砂浆 DP M10 打底	m²	414.18	81.88	33913.06	
5	011102001001	石材楼地面	(1)找平层厚度、砂浆配合比：40 mm 厚 C15 细石混凝土找平层 (2)结合层厚度、砂浆配合比：20 mm 厚干混地面砂浆 DS M20 黏结层 (3)面层材料品种、规格、颜色：铺 20 mm 厚大理石板，稀水泥擦缝 (4)部位：楼面 3	m²	468.92	297.48	139494.32	
			分部小计				393109.57	

注：为计取规费等的使用，可在表中增设其中："定额人工费"。

分部分项工程和单价措施项目清单与计价表

工程名称：建筑　　　　　　　　　标段：1号办公楼　　　　　　　第 2 页　共 7 页

序号	项目编码	项目名称	项目特征描述	计量单位	工程量	金额（元）		
						综合单价	合价	其中暂估价
6	011102001002	石材楼地面	（1）垫层：150 mm 厚 3∶7 灰土夯实 （2）基层：100 mm 厚 C15 素混凝土 （3）找平层厚度、砂浆配合比：30 mm 厚干混地面砂浆 DS M20 找平层 （4）面层材料品种、规格、颜色：铺 20 mm 厚大理石板，稀水泥擦缝 （5）部位：地面 1	m²	327.29	419.34	137245.79	
7	011102003001	块料楼地面	（1）找坡层：平均厚 35 mm 厚 C15 细石混凝土从门口向地漏找 1%坡 （2）找平层厚度、砂浆配合比：20 mm 厚干混地面砂浆 DS M20 找平层，四周及竖管根部抹小八字角 （3）防水层：1.5 mm 厚聚氨酯涂膜防水层靠墙处卷边 150 mm （4）结合层厚度、砂浆配合比：20 mm 厚干混地面砂浆 DS M20 黏结层 （5）面层材料品种、规格、颜色：10 mm 厚防滑地砖，稀水泥浆擦缝 （6）部位：楼面 2	m²	264.04	259.65	68557.99	26380.24
8	011102003002	块料楼地面	（1）找平层厚度、砂浆配合比：20 mm 厚干混地面砂浆 DS M20 找平层 （2）结合层厚度、砂浆配合比：20 mm 厚干混地面砂浆 DS M20 黏结层 （3）面层材料品种、规格、颜色：10 mm 厚高级地砖，稀水泥浆擦缝 （4）部位：楼面 1	m²	1293.5	227.86	294736.91	172190.72
			本页小计				500540.69	198570.96

注：为计取规费等的使用，可在表中增设其中："定额人工费"。

分部分项工程和单价措施项目清单与计价表

工程名称：建筑　　　　　　　标段：1 号办公楼　　　　　　　第 3 页　共 7 页

序号	项目编码	项目名称	项目特征描述	计量单位	工程量	综合单价	合价	其中 暂估价
9	011102003003	块料楼地面	(1)垫层:150 mm 厚 3∶7 灰土夯实 (2)找坡层:平均 35 mm 厚 C15 细石混凝土找坡层 (3)找平层厚度、砂浆配合比:30 mm 厚 C15 细石混凝土随打随抹 (4)防水层:3 mm 厚高聚物改性沥青涂膜防水层,四周往上卷 150 mm 高 (5)面层材料品种、规格、颜色:2.5 mm 厚石塑防滑地砖,建筑胶黏剂粘铺,稀水泥浆碱擦缝 (6)部位:地面 2	m²	83.25	298.68	24865.11	8317.51
10	011102003004	块料楼地面	(1)垫层:150 mm 厚碎石灌干混砌筑砂浆 DM M10 砂浆 (2)底层:50 mm 厚 C15 混凝土 (3)找平层厚度、砂浆配合比:20 mm 厚干混地面砂浆 DS M20 找平层 (4)面层材料品种、规格、颜色:10 mm 厚高级地砖,建筑胶黏剂粘铺,稀水泥浆碱擦缝 (5)部位:地面 3	m²	116.09	350.57	40697.67	15453.9
11	011105001001	水泥砂浆踢脚线	(1)踢脚线高度:100 mm (2)底层厚度、砂浆配合比:6 mm 厚干混砌筑砂浆打底扫毛或划出纹道 (3)面层厚度、砂浆配合比:6 mm 厚干混砌筑砂浆罩面压实赶光 (4)部位:踢脚 3	m²	17.75	66.34	1177.54	
			本页小计				66740.32	23771.41

注：为计取规费等的使用,可在表中增设其中:"定额人工费"。

分部分项工程和单价措施项目清单与计价表

工程名称:建筑　　　　　　　　标段:1号办公楼　　　　　　　　第 4 页　共 7 页

序号	项目编码	项目名称	项目特征描述	计量单位	工程量	金额(元)		
						综合单价	合价	其中
								暂估价
12	011105002001	石材踢脚线	(1)踢脚线高度:100 mm (2)粘贴层厚度、材料种类:10 mm 厚干混砌筑砂浆(内掺建筑胶)黏结层 (3)面层材料品种、规格、颜色:15 mm 厚大理石踢脚板,稀水泥浆擦缝 (4)部位:踢脚 2	m²	36.14	215.95	7804.43	
13	011105003001	块料踢脚线	(1)踢脚线高度:100 mm (2)底层:5 mm 厚干混砌筑砂浆打底扫毛或划出纹道 (3)粘贴层厚度、材料种类:8 mm 厚干混砌筑砂浆(内掺建筑胶)黏结层 (4)面层材料品种、规格、颜色:10 mm 厚防滑地砖踢脚,稀水泥浆擦缝 (5)部位:踢脚 1	m²	105.52	133.33	14068.98	6035.74
		分部小计					751526.05	228378.11
	A.12	墙、柱面装饰与隔断、幕墙工程						
14	011201001001	墙面一般抹灰	(1)墙体类型:内墙(内墙 1) (2)底层厚度、砂浆配合比:9 mm 厚干混抹灰砂浆 DP M10 打底扫毛 (3)面层厚度、砂浆配合比:5 mm 厚干混抹灰砂浆 DP M10 找平	m²	4871.25	20.69	100786.16	
15	011201001002	墙面一般抹灰	(1)墙体类型:外墙(外墙 3) (2)底层厚度、砂浆配合比:12 mm 厚干混抹灰砂浆 DP M10 打底扫毛或划出纹道 (3)面层厚度、砂浆配合比:6 mm 厚干混抹灰砂浆 DP M10 找平 (4)保温层:50 mm 厚聚苯保温板保温层	m²	78.39	95.6	7494.08	
		本页小计					130153.65	6035.74

注:为计取规费等的使用,可在表中增设其中:"定额人工费"。

分部分项工程和单价措施项目清单与计价表

工程名称：建筑　　　　　　　　标段：1号办公楼　　　　　　　第 5 页　共 7 页

序号	项目编码	项目名称	项目特征描述	计量单位	工程量	综合单价	合价	其中 暂估价
16	011204001001	石材墙面	(1)墙体类型:内墙(墙裙1) (2)黏结层:6 mm 厚干混抹灰砂浆 DP M10 罩面 (3)面层材料品种、规格、颜色:贴 10 mm 厚大理石板,正、背面及四周满刷防污剂	m²	14.63	234.42	3429.56	
17	011204001002	石材墙面	(1)墙体类型:外墙(外墙2) (2)安装方式:干挂石材 (3)面层材料品种、规格、颜色:干挂石材墙面 (4)骨架:竖向龙骨间,角钢龙骨 18 kg/m² (5)保温层:整个墙面用聚合物砂浆粘贴 35 mm 厚聚苯保温板,聚苯保温板容重≥18 kg/m³	m²	69.28	597.78	41414.2	10387.84
18	011204003001	块料墙面	(1)墙体类型:内墙(内墙2) (2)打底层:9 mm 厚干混抹灰砂浆 DP M10 打底压实抹平 (3)黏结层:5 mm 厚干混抹灰砂浆 DP M10 黏结层 (4)面层材料品种、规格、颜色:5 mm 厚釉面砖面层(粘前先将釉面砖浸水两小时以上)	m²	350.39	129.68	45438.58	16398.25
19	011204003002	块料墙面	(1)墙体类型:外墙(外墙1) (2)打底层:6 mm 厚干混抹灰砂浆 DP M10(内掺建筑胶)打底 (3)保温层:50 mm 厚聚苯保温板保温层 (4)面层材料品种、规格、颜色:10 mm 厚面砖,在粘贴面上随粘随刷专用界面剂一道	m²	688.96	262.1	180576.42	92596.22
		分部小计					379139	119382.31
	A.13	天棚工程						
20	011301001001	天棚抹灰	(1)打底抹灰:5 mm 厚干混抹灰砂浆 DP M10 打底扫毛或划出纹道 (2)抹灰厚度、材料种类:3 mm 厚干混抹灰砂浆 DP M10 找平 (3)部位:天棚1	m²	1481.74	19.77	29294	
		本页小计					300152.76	119382.31

注:为计取规费等的使用,可在表中增设其中:"定额人工费"。

分部分项工程和单价措施项目清单与计价表

工程名称:建筑   标段:1 号办公楼   第 6 页 共 7 页

序号	项目编码	项目名称	项目特征描述	计量单位	工程量	金额(元)		
						综合单价	合价	其中 暂估价
21	011302001001	吊顶天棚	吊顶2(包含卫生间):岩棉吸音板吊顶(燃烧性能为 A 级) (1)12 mm 厚岩棉吸音板面层,规格 592 mm×592 mm (2)T 形轻钢次龙骨 TB24×28,中距 600 mm (3)T 形轻钢次龙骨 TB24×38,中距 600 mm,找平后与钢筋吊杆固定 (4)φ8 钢筋吊杆,双向中距<1200 mm (5)现浇混凝土板底预留φ10 钢筋吊环,双向中距<1200 mm	m²	519.19	87.35	45351.25	
22	011302001002	吊顶天棚	吊顶1(包含走廊、办公室、餐厅、大堂、办公室1、公共休息大厅):铝合金条板吊顶(燃烧性能为 A 级) (1)1.0 mm 厚铝合金条板,离缝安装带插缝板 (2)U 形轻钢次龙骨 B45×48,中距≤1500 mm (3)U 形轻钢主龙骨 B38×12,中距≤1500 mm 与钢筋吊杆固定 (4)φ6 钢筋吊杆,中距横向≤1500 mm,纵向≤1200 mm (5)现浇混凝土板底预留φ10 钢筋吊环,双向中距≤1500 mm	m²	719.47	169.27	121784.69	
		分部小计					196429.94	
	A.14	油漆、涂料、裱糊工程						
23	011407001001	墙面喷刷涂料	(1)喷刷涂料部位:室外墙(外墙3) (2)涂料品种、喷刷遍数:乳胶漆两遍	m²	77.3	25.62	1980.43	
24	011407001002	墙面喷刷涂料	(1)喷刷涂料部位:室内墙(内墙1) (2)涂料品种、喷刷遍数:乳胶漆两遍	m²	4871.25	23.17	112866.86	
		本页小计					281983.23	

注:为计取规费等的使用,可在表中增设其中:“定额人工费”。

分部分项工程和单价措施项目清单与计价表

工程名称:建筑　　　　　　　　　　标段:1号办公楼　　　　　　　　　第 7 页　共 7 页

序号	项目编码	项目名称	项目特征描述	计量单位	工程量	金额(元)		
						综合单价	合价	其中 暂估价
25	011407002001	天棚喷刷涂料	(1)喷刷涂料部位:天棚面(天棚1) (2)涂料品种、喷刷遍数:乳胶漆两遍	m²	1481.74	27.45	40673.76	
		分部小计					155521.05	
	A.15	其他装饰工程						
26	011503001001	金属扶手、栏杆、栏板	(1)材质:不锈钢栏杆 (2)规格:900 mm 高 (3)D=60 cm 不锈钢扶手 (4)部位:走廊栏杆	m	14	303.29	4246.06	
27	011503001002	金属扶手、栏杆、栏板	(1)材质:不锈钢栏杆 (2)规格:900 mm 高 (3)D=60 cm 不锈钢扶手 (4)部位:护窗栏杆	m	78.23	303.29	23726.38	
		分部小计					27972.44	
		措施项目						
		分部小计						
	本页小计						68646.2	
	合　计						1764203.73	347760.42

注:为计取规费等的使用,可在表中增设其中:"定额人工费"。